那须早苗的编织衣橱

〔日〕那须早苗　著
蒋幼幼　译

河南科学技术出版社

·郑州·

母亲曾经用粗花呢线给父亲编织过一件毛衣。那件毛衣既轻又暖和，父亲非常喜欢，天气变冷时就会经常穿在身上。毛衣总是由母亲清洗晾晒，等晾干后就是父亲的事了。他将毛衣平铺在榻榻米上，接着将两个袖子整齐地向内折叠，再将毛衣纵向对折后放到抽屉里。每次想起那件毛衣，脑海中就会清晰地浮现出父亲穿着它坐在桌前看报纸，或者认认真真叠毛衣的画面。

因为毛衣穿着方便，时不时就会拿出来穿一穿，真是百穿不厌。精心护理的毛衣经过若干年的使用会呈现出别样的韵味，加上破损修补过的痕迹，越发让人体会到穿着之人的爱惜之情。而且，我们仿佛也能感受到穿着之人与毛衣共度的时光。穿着背心清洗茶碗的母亲，收到藏青色开衫礼物后欣然穿在身上的哥哥，每逢我们重要的日子就会穿上略显厚重的毛衣的丈夫，将长围巾多出的部分绕在朋友脖子上的孩子……一想到这些就像翻阅一本怀旧相册，编织的衣物承载了各种回忆。如果抽屉里装满这样的编织物，该是多么幸福啊！

本书将为大家带来随性自然、舒适百搭的编织作品。每款作品的灵感都来源于对生活场景的畅想和憧憬，以及某些动人心弦的事情。其中有几款毛衣是男女通用的尺寸，也可以与心爱的他（她）交换着穿。在反复穿着的过程中，穿着之人的时间将会在编织物上慢慢沉淀。也许某一天就会突然想起来："这是那个时候……"回忆是非常重要的东西，可以给活在当下的人们提供精神上的支柱和内心的温暖。我的"编织衣橱"里就有许多这样的作品，希望可以得到大家的青睐。

目　录

※本书编织图中未标注单位表示长度的数字均以厘米（cm）为单位。

多尼戈尔粗花呢毛衣

我的衣橱里无论如何都要准备一件多尼戈尔粗花呢线编织的简约风毛衣。粗花呢线色调雅致，给人质感优良和休闲的感觉，百搭又别具特色。也非常适合男性穿着，所以编织了男女通用的尺寸。 →p.50

侧开衩背心

寒意渐浓，背心开始变得非常实用。工作时手臂可活动自如，既保暖又安心。搭配外套时背心若隐若现的感觉也很不错，所以精心编织了精致的花样。侧边开衩的设计是为了避免腰部的臃肿感。这款背心我取名“旅程”，它前后不断延伸的交叉花样宛如我们走过的路。→p.52

阿兰花样背心裙

p.6的背心“旅程”比较轻柔，所以我尝试用同样的花样和设计编织了这款背心裙。因为它比较长，连续的交叉花样更像不断延伸的人生旅程。另外，从袖窿到肩部是背心裙的承重部位，这里还运用了防止拉伸变形的小技巧。

→p.52

星空花样围巾和迷你挎包

记得傍晚在湖畔散步时，夜色渐浓，一颗接一颗的星星开始在天空中闪烁。等回过神来，深邃的夜空中已经布满了数不清的星星。不知不觉就看得入迷，忘记了时间。在狂风呼啸的日子，不妨将白天看不到的这般美景围在脖子上。而小巧的挎包（p.8）里，只放一些重要物品就好。它们的名字就叫“夜空”。 →p.55、56

人体曲线是很优美的，或许是因为这个原因吧，我特别喜欢亲肤、贴身的衣服。尤其是冬天，保暖性好的华夫格织物非常引人注目。凹凸状的网格结构既可以保留内部的空气层，又能包裹住身体，非常暖和。亨利领的设计给人一种怀旧的感觉，并且领窝不易拉伸变形，穿脱也很方便。 →p.46

亨利领保暖毛衣

槲寄生图案毛衣

在冬日的森林里漫步时，经常可以在树叶凋零的枝头看到成团的槲寄生。圆圆的果实诱人得就像森林中的宝石，是严寒季节里鸟类赖以生存的重要食物。如果可以将触手可及的槲寄生编成花环，装饰在领口……这款毛衣的设计灵感就是源于这样的奇思妙想。→p.57

哥特兰岛提花背心

瑞典哥特兰岛的手编袜子上就有这种提花花样。编织过程中，我也仿佛看见了过去编织者眼中的景色。曾经盛开的花朵在整件背心上再次绽放。我想，自古以来被反复编织的花样中一定蕴含着某种超越时空的力量。 →p.62

竹篮风阿兰花样毛衣

有一次，住在日本北部的朋友抱着用万年藤编织的篮子来看我。三股编的藤蔓交织成斜格纹，精湛的手艺令人印象深刻，精致细密的纹理也让人过目难忘。于是我尝试在一系列阿兰花样的基础上融入了表示藤蔓的曲线花样。中性风的设计和尺寸无论男女都能穿着。 →p.65

竹篮风阿兰花样帽子

这是将p.17毛衣的花样改编后织成了帽子。使用的切维厄特羊毛具有良好的弹性和蓬松感，可以呈现出精美的花样。因为线比较粗，材质轻柔，即使细腻复杂的阿兰花样也可以放心地编织，确实是一款非常好用的线材。 →p.70

带手套的长围巾

当孩子第一次伸出小手说“抱抱我”，双臂用力搂住我的脖子时，似乎自己的一切过往都得到了认可。我抱着孩子，孩子抱着我，那份柔软和温暖的感觉将会永远留在心底。这款带手套的长围巾的名字就叫“拥抱”。 →p.68

圆领羊绒开衫

这款开衫犹如一位朋友，无论我心情如何都会陪在身边，无论岁月变迁都可以让我做最真实的自己。不管是我还是这款开衫，希望历经岁月磨砺都可以呈现出别样的韵味。我觉得羊绒是最能表现这种心情的线材。

→p.71

羊绒围脖和长款羊绒露指手套

羊绒织物也想穿搭出成熟知性的感觉。下针编织的围脖和露指手套只要等针直编即可完成，柔和的线条呈现出高级的质感。尺寸小巧，外出时随手放在包包里也很方便。

→p.78、79

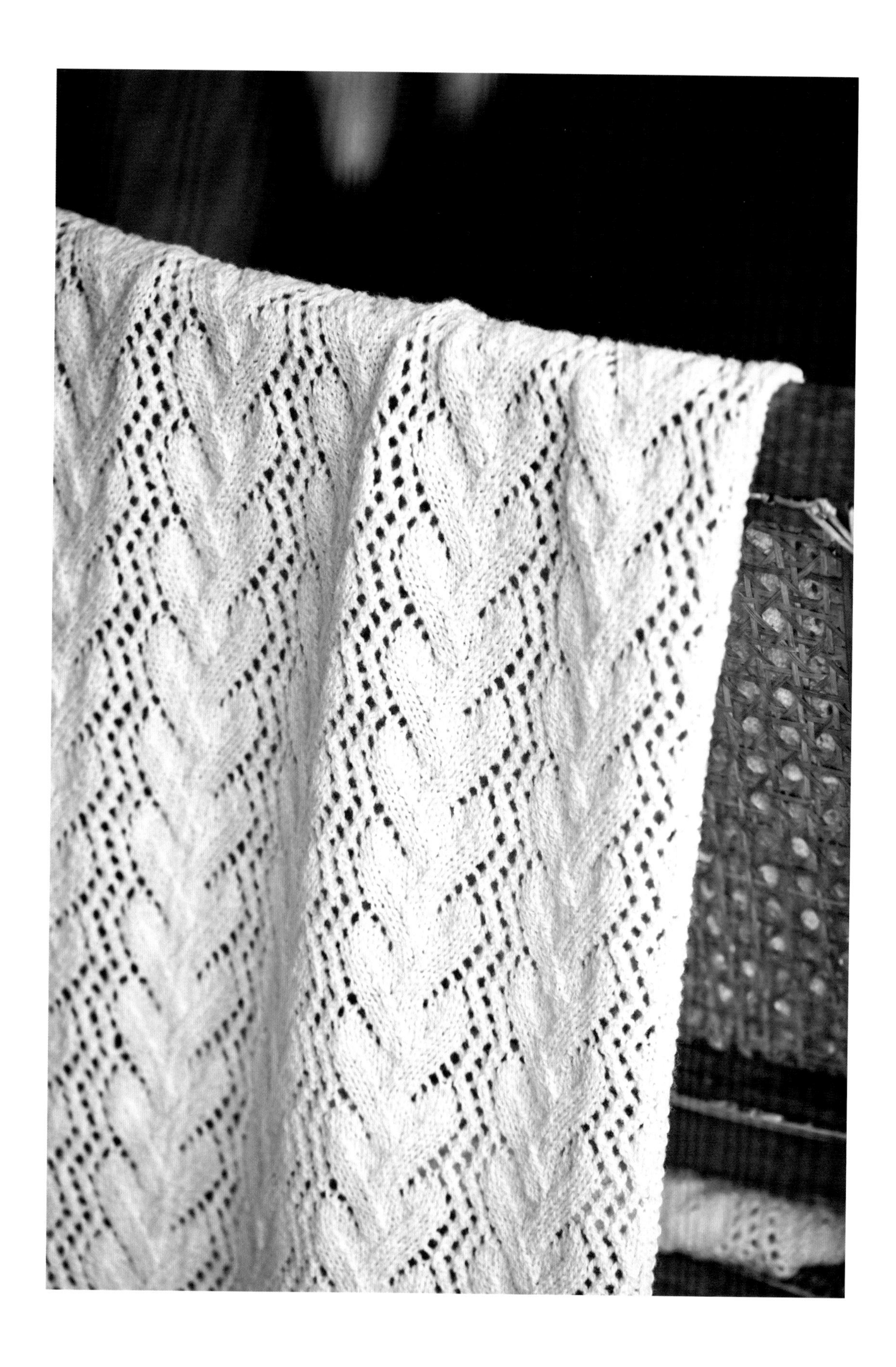

白玉兰花样披肩

早春的枝头上可以看到饱满的白色花蕾。当白玉兰开始绽放，仿佛花蕾中的春色瞬间被释放，让人不由得想要深呼吸。早晚温差大的季节，需要披上一件衣物保暖。于是编织了这款披肩，披上时就像仰望着蔚蓝色天空绽放的花瓣纷纷落在了身上。 →p.80

晚秋的森林里，走在落叶上，脚下松松软软的，传来一阵清脆的声音。附近橘黄色的落日余晖照得人暖暖的。真想盖上枯叶睡上一觉……一般人可能想想就算了，但是我们却是可以编织出来枯叶的。整理房间后，不妨随意披上轻柔的开衫小憩一会儿。 →p.74

枯叶花样开衫

祖母袜套

很久以前就有人编织一种祖母手编袜（Grandma's knitted socks）。在这种简易的款式基础上增加后跟部位，就制作出非常合脚的袜套。开始感觉脚冷时，穿上袜子后可以再叠穿上这样的袜套。因为每天都会穿，所以选择了用冰岛结实的洛皮毛线编织。

→p.82

格纹露指手套

因为我的很多外套都是素色的，所以想在露指手套上加入一些花样。我从织布上得到灵感，制作出了这款格纹露指手套。经纬重叠的深色部分编织上针，很有立体感。虽然基础色调的搭配简单又放心，但是尝试一下鲜艳的颜色好像也不错。 →p.84

一字领包肩背心

随着双簧管的“la”音响起，管弦乐器依次出场。厚重的音乐渐渐停息，回归寂静后，演奏会马上就要开始了。在众人聚在一起欣赏音乐的时刻，如果可以穿着自己编织的毛衫……这款背心就是在TPO（时间Time、地点Place、场合Occasion）的设想中构思出来的，名字叫“旋转”。 →p.85

候鸟花样连指手套

在风中行走的日子，在冷空气中骑自行车外出的日子……如果有一双包裹住指尖的连指手套，就一点都不冷了。虽然很难编织得像拉脱维亚连指手套那般精致，但是相同的花样用粗线编织后，尺寸竟然刚刚好。这款花样看起来像在空中翱翔的鸟儿，戴上它们感受冬日散步的乐趣吧。 →p.86

英式罗纹针编织的帽子

这是用渔夫毛衣的其中一种经典针法——英式罗纹针编织的帽子。考虑全身的搭配时，会发现手工编织的作品本身就很抢眼。为了呈现清爽简洁的效果，没有编织帽子的翻边。编织起点看似狗牙针的小孔，我个人觉得特别可爱。

→p.86

关于线材

下面是本书作品使用的线材，图片均为实物粗细。
依次表示为：作品页 / 线名 / 品牌 / 材质 / 1团线的重量 / 1团线的长度（概数）。

※制作方法页中标注的线量表示书中作品的用线量。不同的人编织，用线量也会有所差异。
此外，用线量并不包括编织样片所需的线量，建议适当多准备一些。
※作品不同，相同的线可能存在些许色差。

1　p.4 / Soft Donegal / 芭贝 / 羊毛100% / 40g / 75m

2　p.6、8、17、18 / Cheviot Wool / 达摩手编线 / 羊毛（切维厄特羊毛）100% / 50g / 92m

3　p.8、9、29、31 / Airy Wool Alpaca / 达摩手编线 / 羊毛（美利奴羊毛）80%、羊驼绒（顶级幼羊驼绒）20% / 30g / 100m

4　p.11 / British Eroika / 芭贝 / 羊毛100%（使用50%以上英国羊毛）/ 50g / 83m

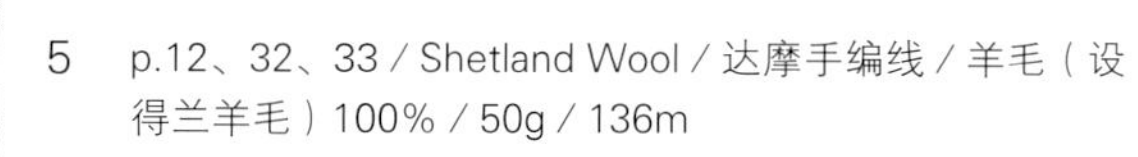

5　p.12、32、33 / Shetland Wool / 达摩手编线 / 羊毛（设得兰羊毛）100% / 50g / 136m

6　p.14 / Spindrift / Jamieson's Spinning（Shetland）/ 羊毛（设得兰羊毛）100% / 25g / 105m

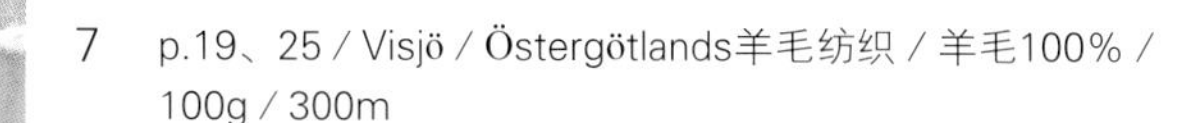

7　p.19、25 / Visjö / Östergötlands羊毛纺织 / 羊毛100% / 100g / 300m

8　p.20、22 / Cashmere Lily / 达摩手编线 / 羊绒100% / 50g / 208m

9　p.26 / Julika Mohair / 芭贝 / 马海毛86%（使用100%顶级幼马海毛）、羊毛8%（使用100%超细美利奴羊毛）、锦纶6% / 40g / 102m

10　p.28 / Lopi / 内藤商事 / 羊毛100% / 100g / 100m

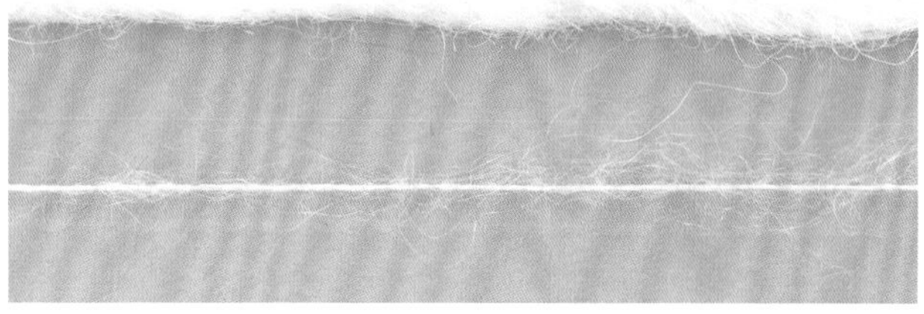

11　p.31 / Silk Mohair / 达摩手编线 / 马海毛（顶级幼马海毛）60%、真丝40% / 25g / 300m

关于工具

编织工具就像是共度编织时光的小伙伴。
请挑选一些顺手又称心的工具。

※关于编织用针
虽然针号有具体的规格，但是针头的形状因厂商不同会有微妙的差异。材质不同也会影响编织时的感受。

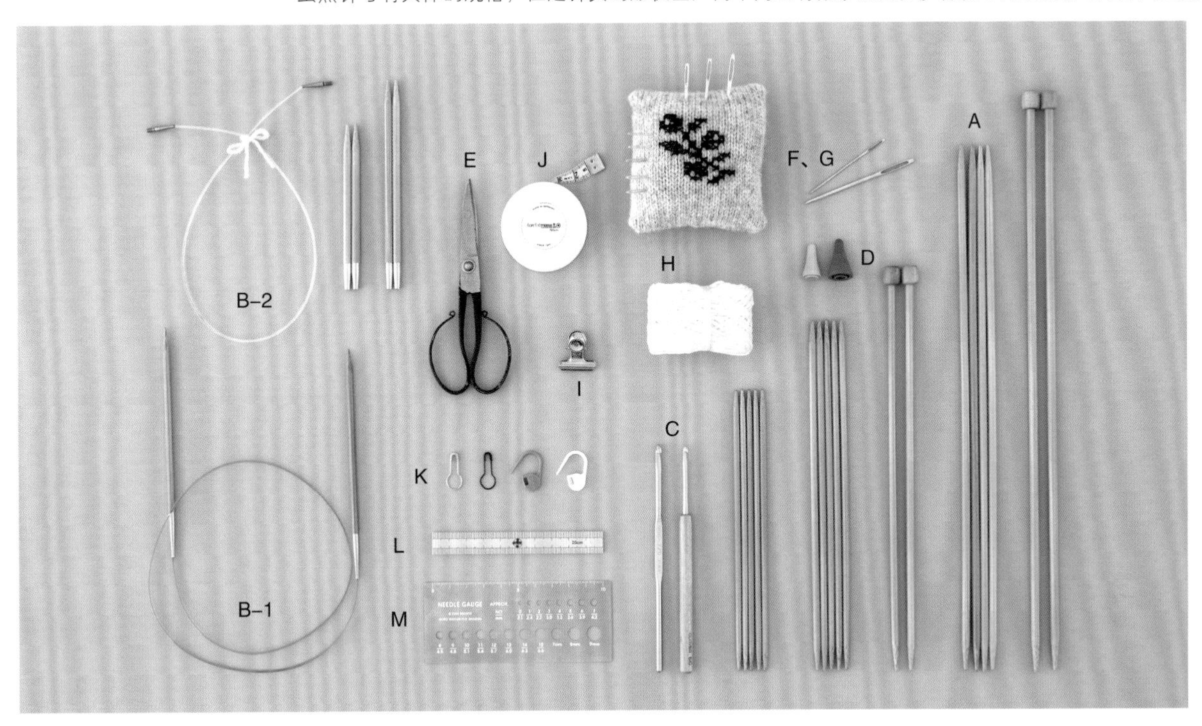

A 棒针
平面织物用2根棒针编织，环形（筒状）织物用4根或5根棒针编织。可根据织物的宽度选择棒针的长度。

B 环形针
除了编织环形（筒状）织物，环形针还可以用来编织平面织物等，用法多样，非常方便。有的环形针（B–1）连着材质柔软的针绳，可以编织各种大小的环形织物（用魔术环技法编织时，参照p.41）；还有一种可替换式环形针（B–2），针绳和棒针部分分开售卖。环形针的尺寸也非常丰富，有40cm、60cm、80cm等。从经济角度考虑，建议使用可替换式环形针。备齐3种长度（40cm、60cm、80cm）的针绳，只要换上所需针号的针头就可以当作对应尺寸的环形针使用。
※环形针尺寸的选择方法：一般情况下，根据织物的周长调整环形针的尺寸。请选择比织物尺寸略短的环形针。用魔术环技法编织时，请使用80cm长的环形针。

C 钩针
用于“从另线锁针的里山挑针”的起针方法以及引拔接合等场合。请根据线的粗细选择针号。

D 棒针的针帽 ※图中是可乐实验室（Clover Labo）的产品。
这是插在棒针末端防止针目脱落的小工具。

E 剪刀
请选择比较锋利的，最好是变钝了可以重新打磨的剪刀。

F 手缝针
针头比较圆钝，用于缝合以及线头处理。请根据线的粗细选择合适的手缝针。

G 针插
如果在里面填充残留油脂的原毛，针插上后就不容易生锈。

H 起针用线
这是钩织另线锁针的线，用于“从另线锁针的里山挑针”的起针方法。一般使用不易起毛的棉线。因为比较柔软，几乎不会影响织物的编织效果，拆除时也不会残留棉纤维。

I 夹子
环形编织时，为了确保织物不会扭转，可以用夹子固定起针的起点与终点(防止扭转，参照p.38“起针后连接成环形”的步骤1)。

J 卷尺
时不时地测量织物，确认是否按尺寸在编织。

K 行数记号扣 ※右边的2个是可乐实验室（Clover Labo）的产品。
用于在针目上做记号，也可以用作针数记号扣。用细线编织时，可使用细一点的记号扣以免破坏织物纹理。本书也介绍了引返编织中使用记号扣的方法（参照p.73）。

L 直尺
为了测量样片的密度，需要长度为10~15cm的直尺。

M 针号密度尺
上面小孔的直径分别对应不同针号。将棒针插入小孔，就可以测出针号。

编织方法重点教程

※为了便于理解，图中个别地方使用了不同颜色的线进行说明。

【带线方法与棒针（环形针）的握法】

根据用哪只手带线，分为法式和美式2种带线方法。请用自己觉得顺手的方法编织。

法式 ……将线挂在左手食指上编织的方法。可以充分、合理地调动10根手指快速编织。

美式 ……右手带线，或者将线挂在食指上编织的方法。与法式相比，线拉得有点紧，不过针目相对更加整齐。

【横向渡线配色编织的方法／包住渡线编织的方法】

渡线比较长（约3cm以上）时，穿脱时容易挂住线，渡线的长度不好掌握，所以，需要适时地包住渡线编织。作为参考，在配色线间隔为7~11针时，建议在其中间位置包住渡线编织（间隔更大时，请参照下方※的编织方法）。这里按底色线在上、配色线在下的要领渡线编织。

法式带线编织的情况

将配色线放在左棒针的前面。

在左边的针目里插入棒针编织。

1针完成。此时将配色线绕在前面（向下压）。

下一针编织完成。

美式带线编织的情况

将配色线挂在左棒针上，与针目并拢。

用底色线将左边的针目和挂在左棒针上的配色线一起编织。

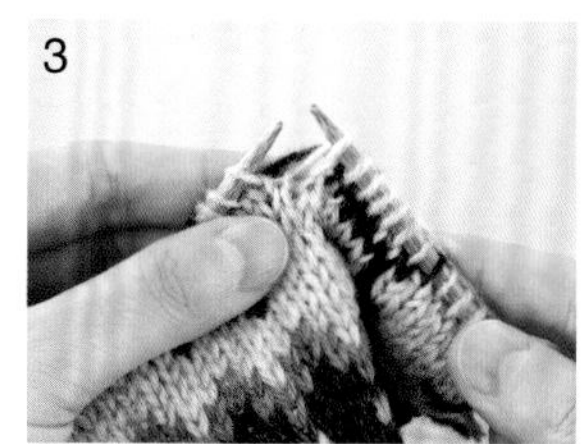

1针编织完成。

此时配色线位于底色线的前面。

用底色线编织1针。

下一针编织完成。

包住配色线编织后的状态。

※配色线的间隔超过12针的情况

通过数针数确认渡线的中间位置太麻烦，也可以间隔5针包住渡线编织。

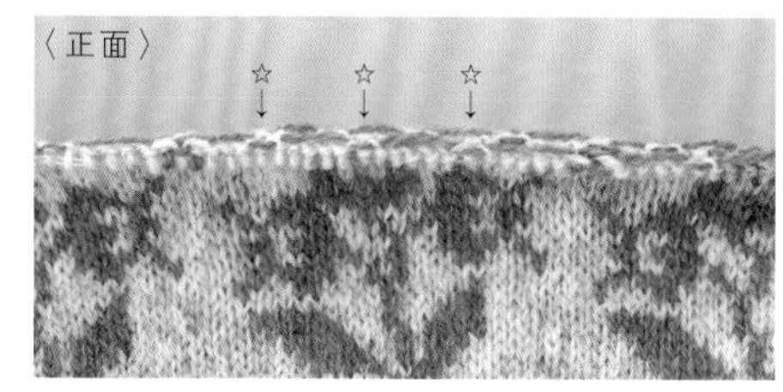

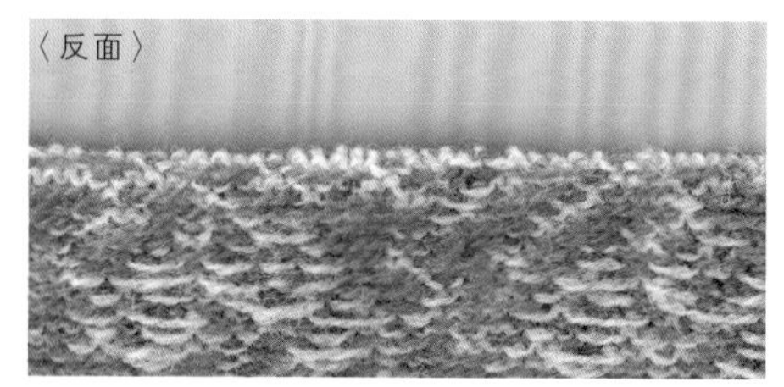

每隔5针左右，与配色线交叉后挂线编织，固定渡线（☆=包住渡线编织的位置）。

【候鸟花样连指手套（p.32的作品，编织方法见p.86）拇指孔的开孔方法、挑针方法】

拇指部分（9针）穿入另线休针。

按“底色线（海军蓝色）、配色线（原白色）”的顺序做9针的卷针起针。

紧接着编织1针后的状态。拇指部分开孔完成。

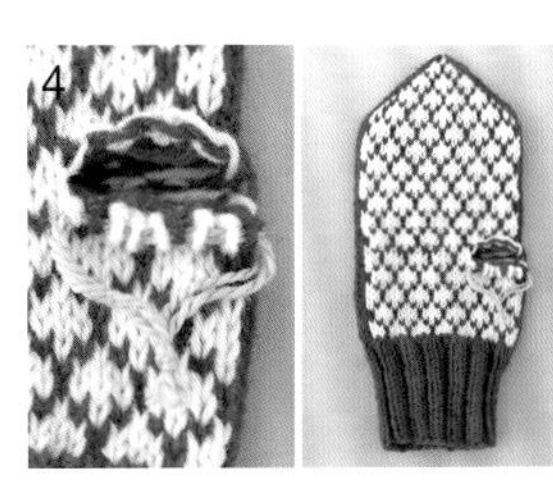

继续环形编织至最后。这是连指手套的整体形状。

编织拇指。将穿入另线的休针针目移回棒针上。

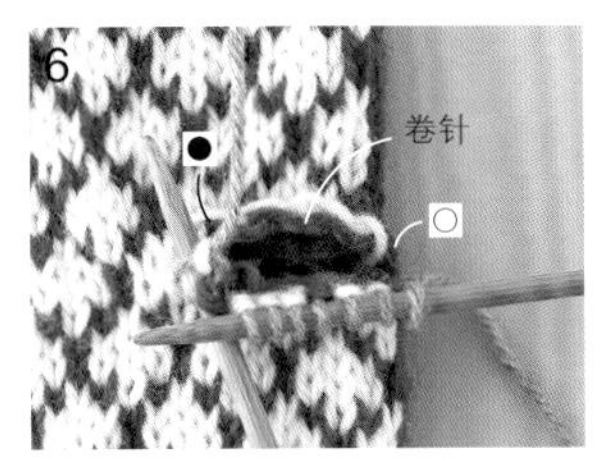

加线，编织下针。

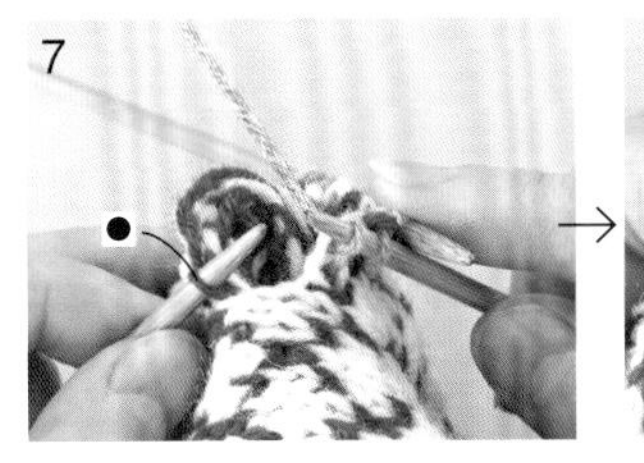

转角（●）如图所示挑起渡线（最后一针卷针的渡线），编织1针扭针。

接着在卷针部分挑针。挑针方法是在卷针的针目中间插入棒针，挂线后拉出。

另一侧的转角（○）也与步骤7一样挑针，编织1针扭针。

第1行完成后的状态。接下来，拇指环形编织至最后。

【圆领羊绒开衫（p.20的作品，编织方法见p.71）】

前门襟与身片前端尺寸不一致时的缝合方法

前门襟不要按指定行数对齐，而是根据身片前端的长度增加或减少行数，对齐定位针（或标记）进行缝合。

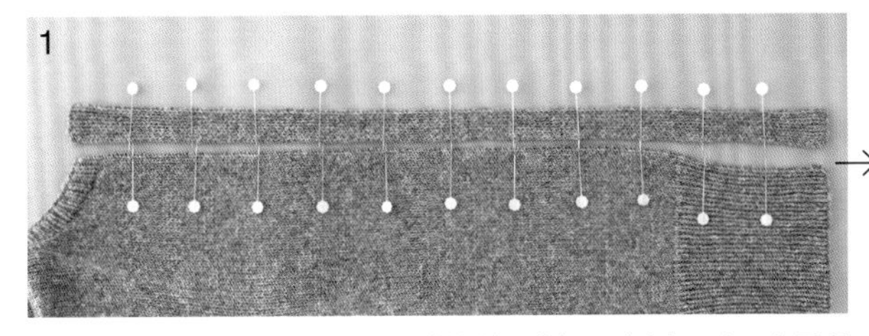

在前门襟与身片前端每隔5cm插上定位针（或加入对齐标记），如图所示摆放好。

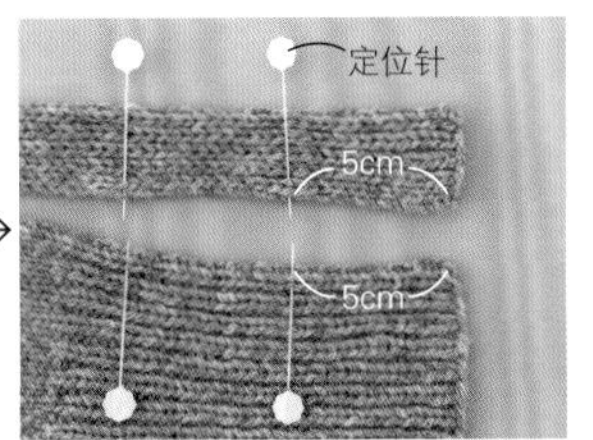

对齐定位针（或标记）做挑针缝合时，适当调整行数以免错位。

开扣眼的方法（无须预留扣眼）

用手指在织物上戳出孔眼（扣眼）后进行穿缝的方法。可以事后在喜欢的位置制作扣眼。这样做好的扣眼具有伸缩性，比较自然。

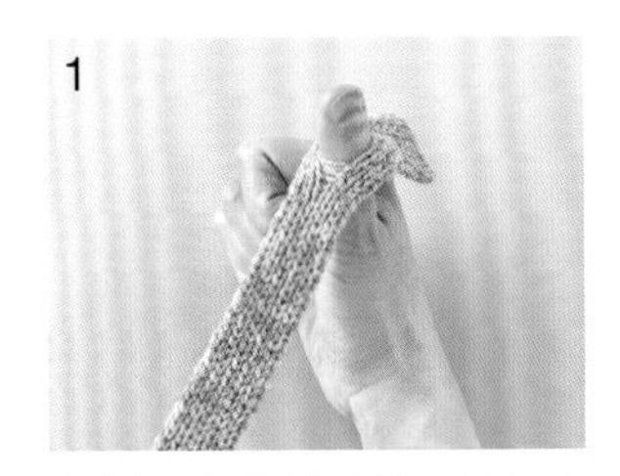

在准备开扣眼的位置插入手指，在织物上戳出大一点的孔眼。

将相同的编织线穿入手缝针，在下端的两三根渡线里缝上2针左右。

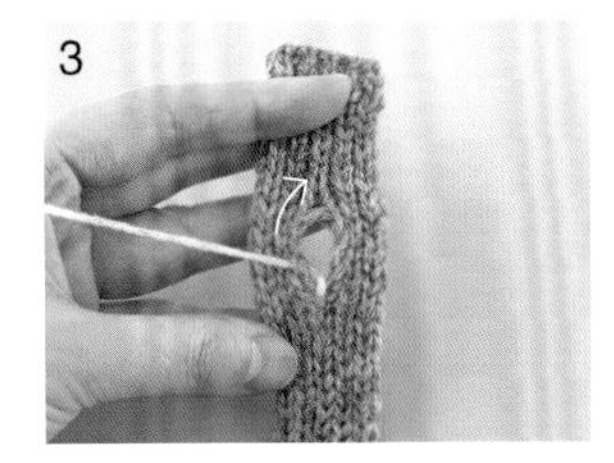

将线穿至一边，再向上穿缝。上端也用相同方法缝好。

将线穿至另一边，再向下穿缝，最后做好线头处理。

【哥特兰岛提花背心（p.14的作品，编织方法见p.62）】

※为了便于理解，图中个别地方使用了不同颜色的线进行说明。

起针后连接成环形

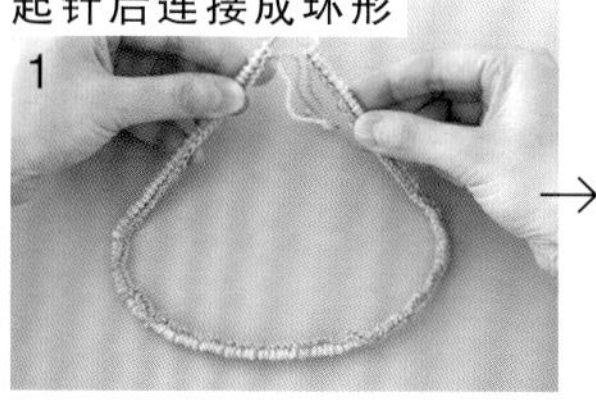

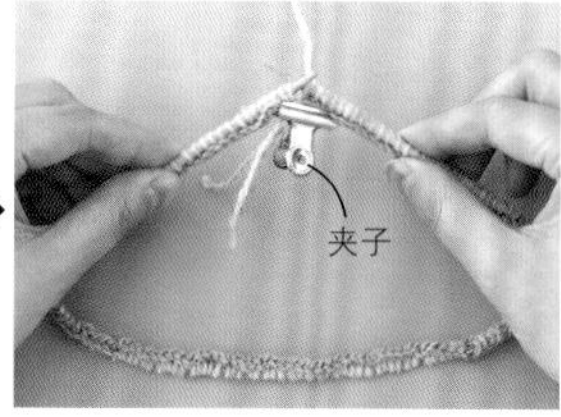

另线锁针起针，从里山挑针。确认起针没有扭转后，用夹子固定另线锁针的起点与终点（为防止编织中途针目发生扭转，可编织10行左右再取下夹子）。

编织额外加针部分

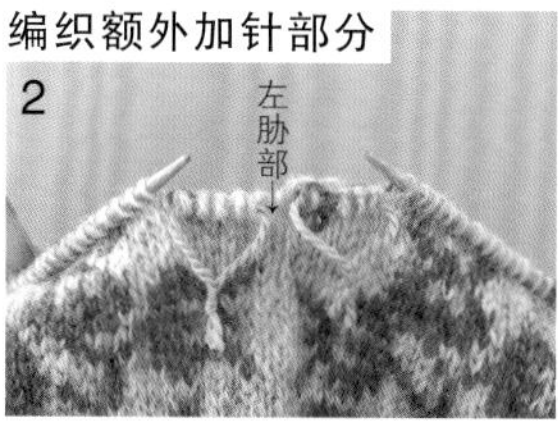

环形编织配色花样。编织至袖窿的前一行，在左肋部休针位置的指定针数里穿入另线休针。

分别用底色线和配色线制作活结（p.40），挂在右棒针上。

用配色线编织1针卷针。接着用“底色线、配色线、底色线”交替做卷针起针。

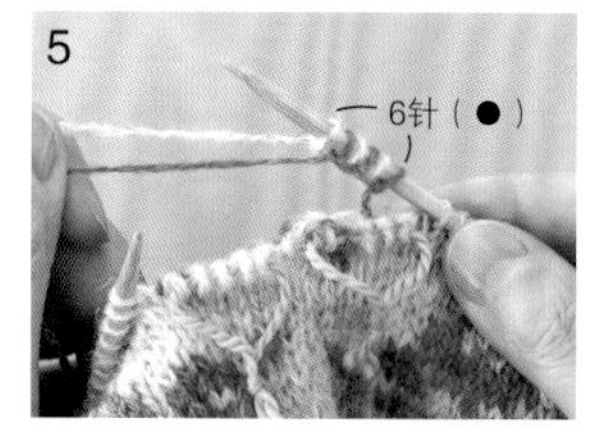

一共是6针（●）（包括活结的2针在内）。接着配色编织前身片至右肋部。

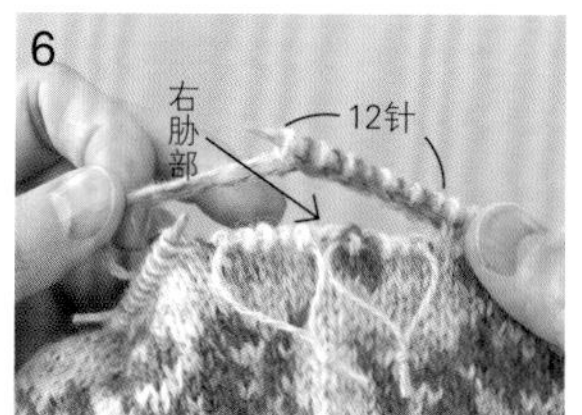

右肋部也用相同方法做休针处理。按“底色线、配色线”的顺序交替制作6针卷针，接着按“配色线、底色线”的顺序交替制作6针卷针，一共12针（中间是2针连续的配色线针目）。右袖窿额外加针部分的12针起针完成。

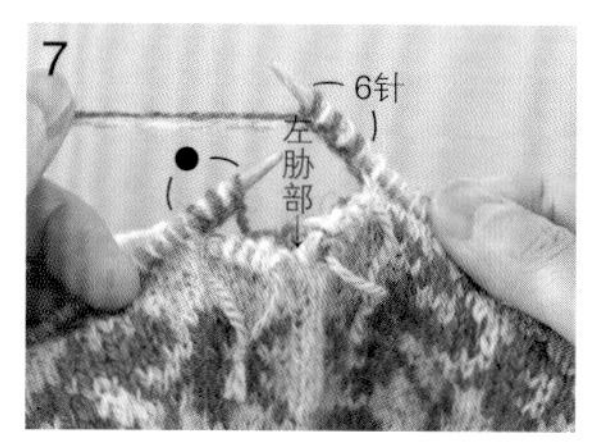

接着配色编织后身片至左肋部。同样按“底色线、配色线”的顺序交替做6针的卷针起针。左袖窿额外加针部分的12针起针完成。

袖窿的减针

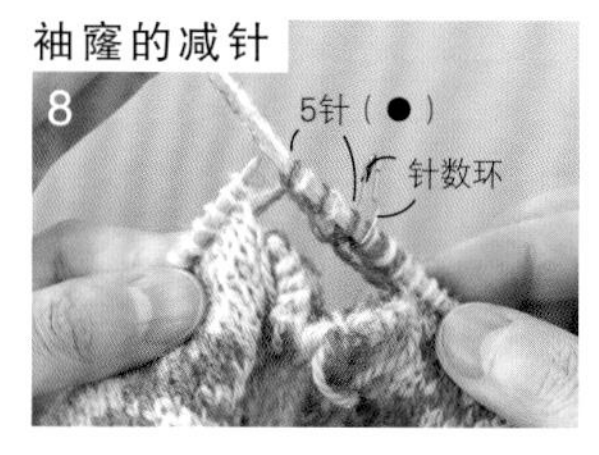

放入行数记号扣（或针数环），第2行配色编织。●部分编织至第5针。

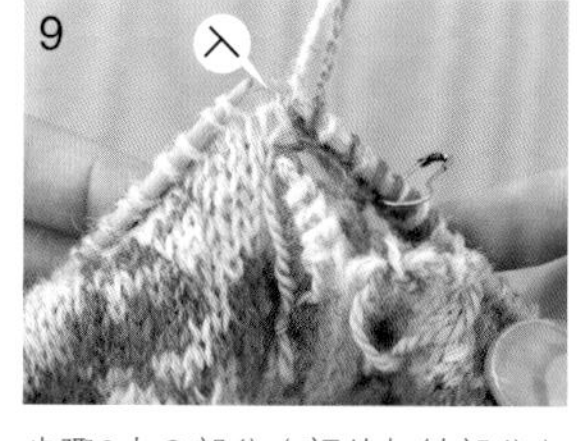

步骤8中●部分（额外加针部分）的第6针与前身片的第1针编织右上2针并1针。接着配色编织前身片至右肋部。

前身片的最后一针与右肋部额外加针部分的第1针编织左上2针并1针。接着在右袖窿的额外加针部分配色编织10针。

右袖窿额外加针部分的第12针与后身片的第1针编织右上2针并1针。接着配色编织后身片至左肋部。左肋部也参照步骤10，后身片的最后一针与左袖窿额外加针部分的第1针编织左上2针并1针。继续环形编织配色花样。

接合肩部、额外加针部分

这是环形编织后的状态。领窝参照步骤6编织额外加针部分。在换行位置分成左右两边，在另一侧袖窿额外加针部分的中间抽出环形针的连接绳，将针目分成前、后身片两部分。

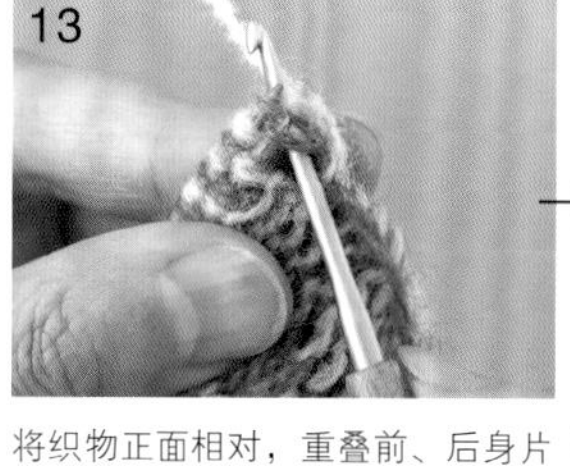

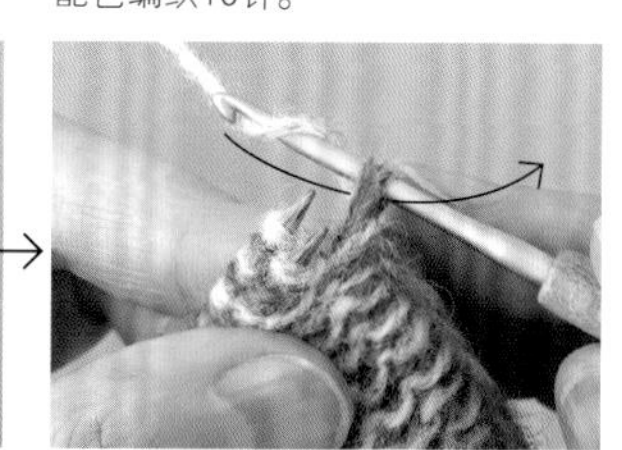

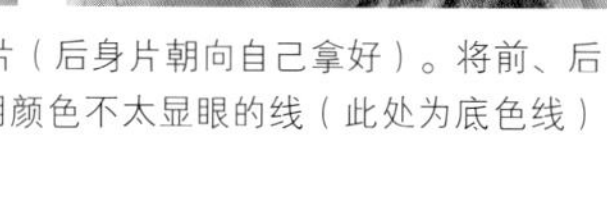

将织物正面相对，重叠前、后身片（后身片朝向自己拿好）。将前、后身片的边针各1针移至钩针上，用颜色不太显眼的线（此处为底色线）做引拔接合。

14

完成1针引拔接合后的状态。

15

用相同方法做引拔接合至织物的末端（接合的顺序：袖窿的额外加针部分，肩部、领窝的额外加针部分，肩部、袖窿的额外加针部分）。

后身片的反面

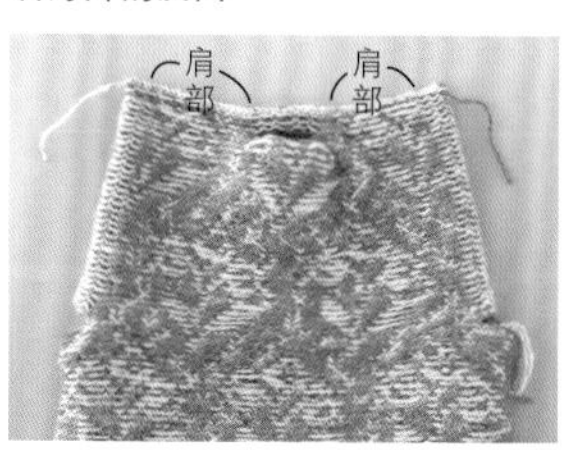

前身片的正面

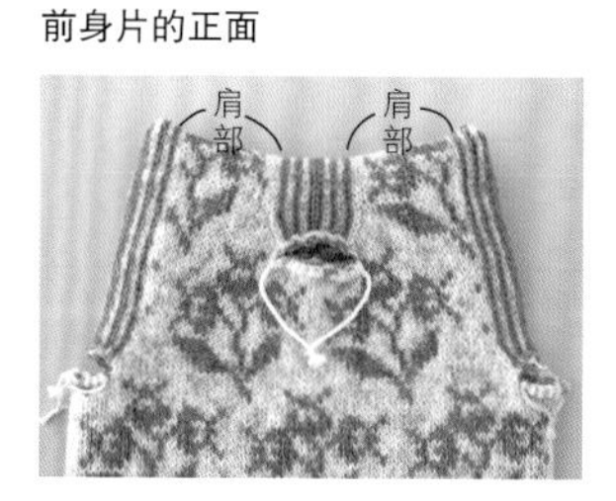

事先用蒸汽熨斗将额外加针部分整烫一下，这样剪开织物时就不容易绽线。

剪开额外加针部分

在袖窿额外加针部分的中间（连续的配色线针目之间）剪开。领窝也用相同方法剪开。

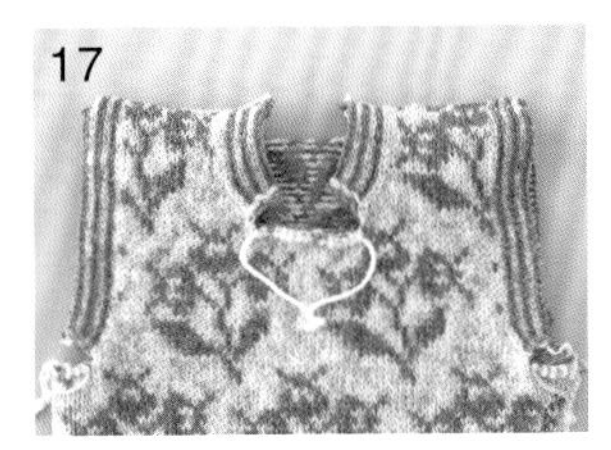

左、右袖窿以及前、后领窝剪开后的状态。

边缘编织的挑针方法

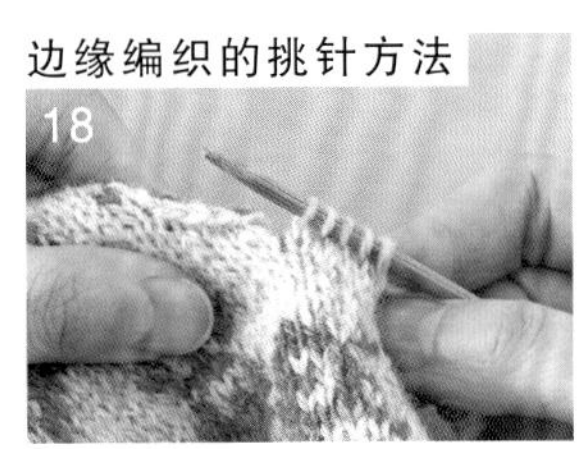

将袖窿下方穿入另线的前身片一侧的休针针目移回棒针上，加线编织下针。

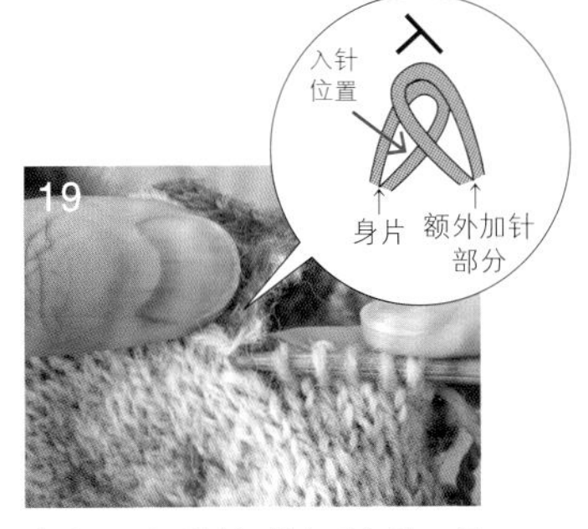

在步骤9中2针并1针中后身片一侧的针目里插入棒针，挂线后拉出。

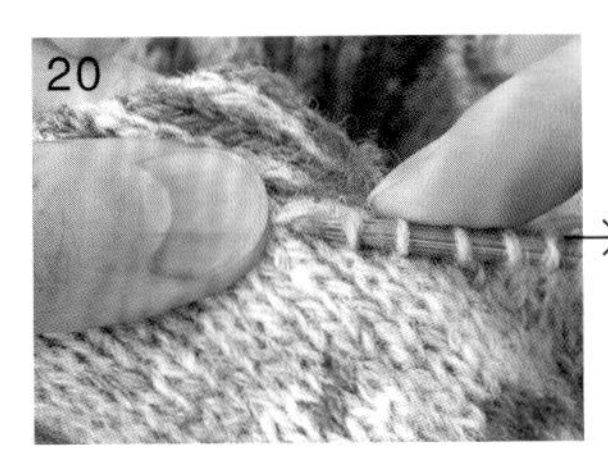

2针并1针的部分都用相同方法在身片一侧的针目里插入棒针，挂线后拉出。

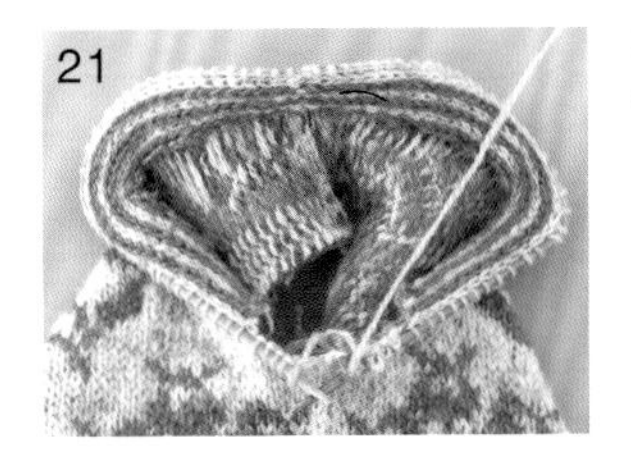

左袖窿的1行挑针完成。接着编织指定行数的双罗纹针（在第2行减针），结束时做双罗纹针收针。右袖窿、领窝也用相同方法编织（领窝从后领窝左侧的首次减针处开始挑针编织）。

处理额外加针部分

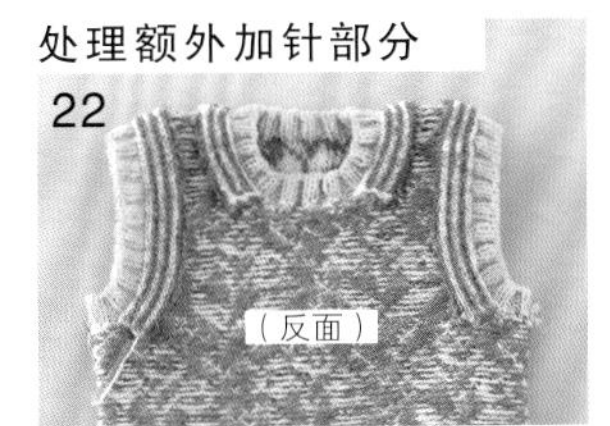

这是双罗纹针收针后的状态。额外加针部分出现在反面。

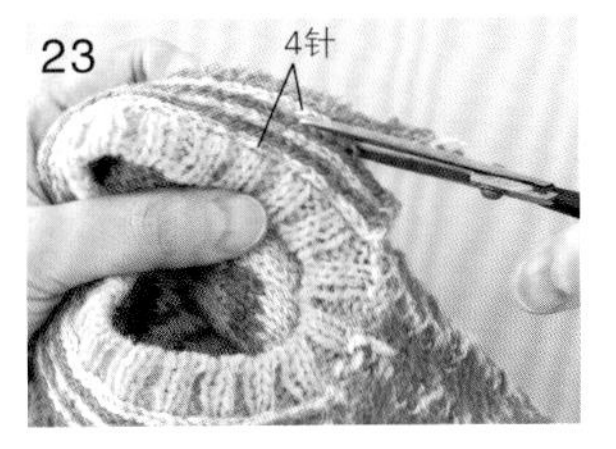

额外加针部分在反面留下4针，剪掉多余的边针。

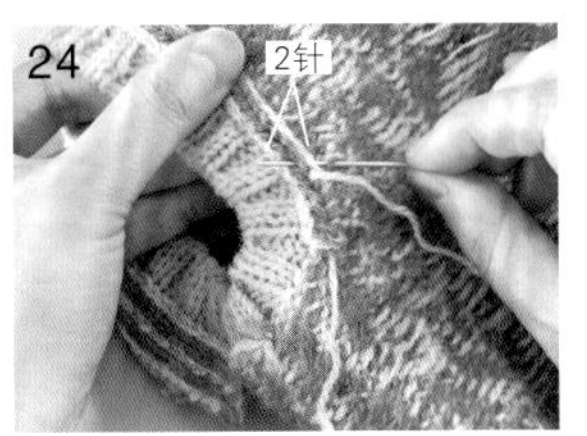

将边上的2针向内折。用颜色不太显眼的线留出10cm线头后进行绕缝，注意针迹不要露出正面。领窝也用相同方法缝好。

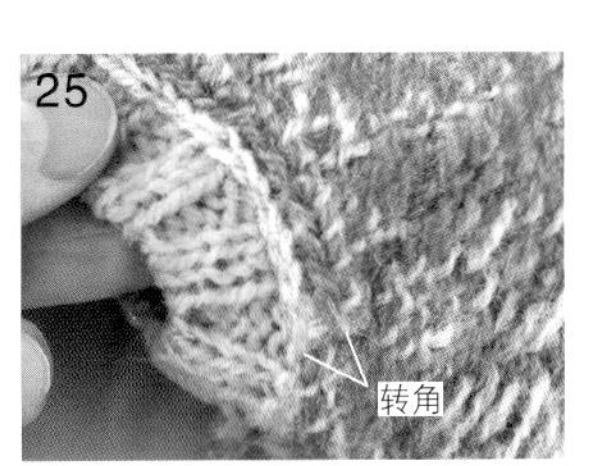

再用剩下的线头缝合转角处。

【英式罗纹针编织的帽子（p.33的作品，编织方法见p.86）】

手指挂线起针

在拇指上挂2根线的起针方法。

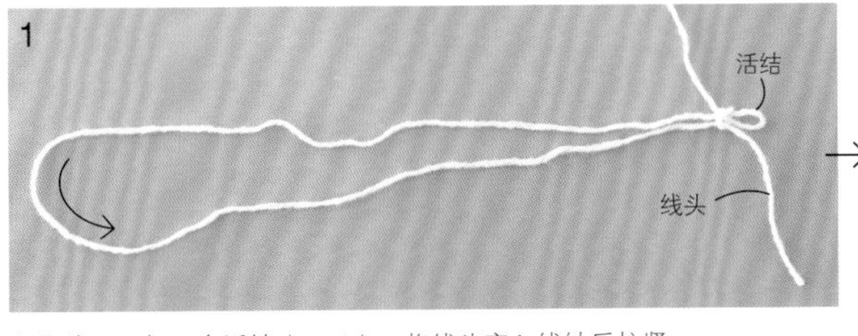

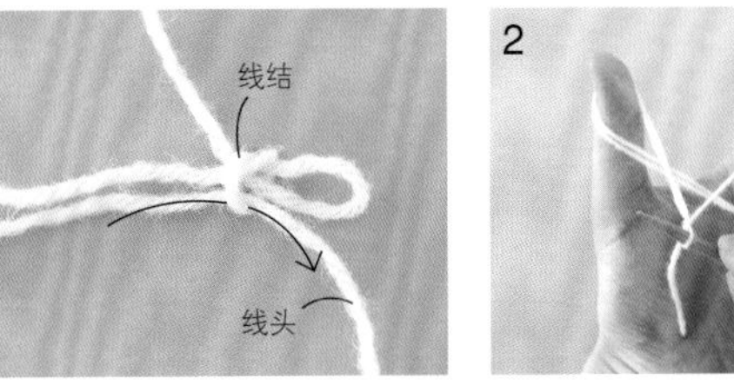

制作线环，打一个活结（p.40）。将线头穿入线结后拉紧。

※因为线头要对折，所以预留出正常尺寸（约为成品尺寸的3倍）的2倍长度（作品中约3m）后再打结。

2

在针目里插入棒针，将线挂在手指上。拇指上挂的是2根线，开始手指挂线起针。

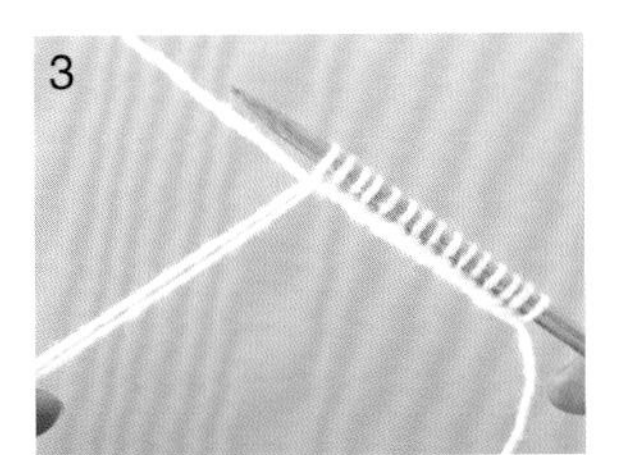

起针完成后的状态。因为2根线的关系，起针的边缘比较厚实。

美式带线的情况下 英式罗纹针的编织方法

法式带线的情况也请参照p.88的编织图编织。

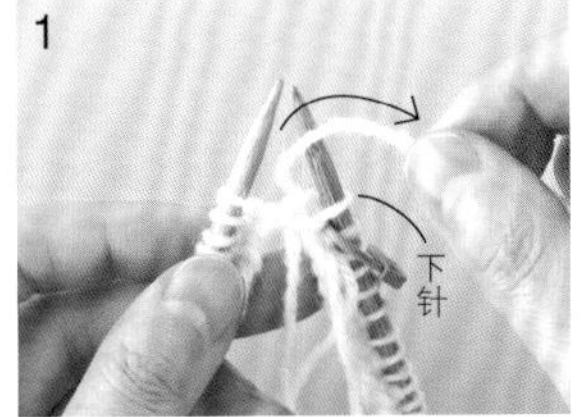

参照p.88的编织图编织至第2行。第3行放入行数记号扣（或针数环），编织1针下针。将线放在织物的前面。

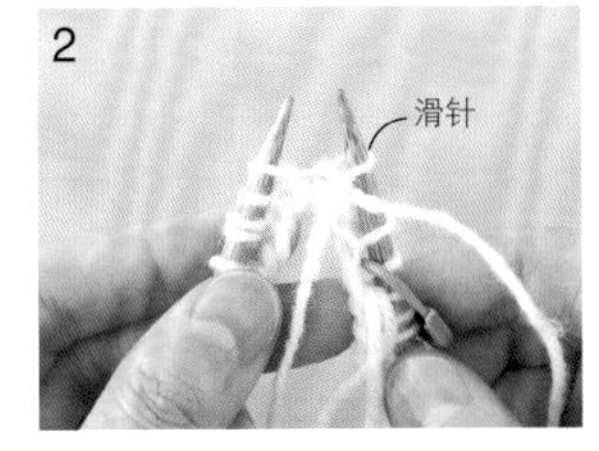

编织滑针。

编织1针下针。

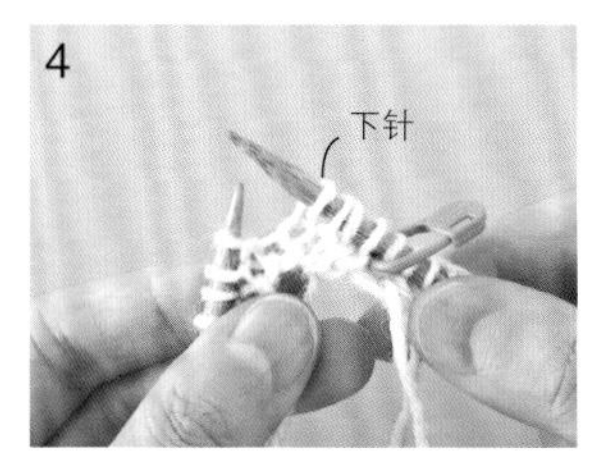

下针完成。步骤1中放在织物前面的线自然地挂在右棒针上，成为挂针。重复步骤1~3。

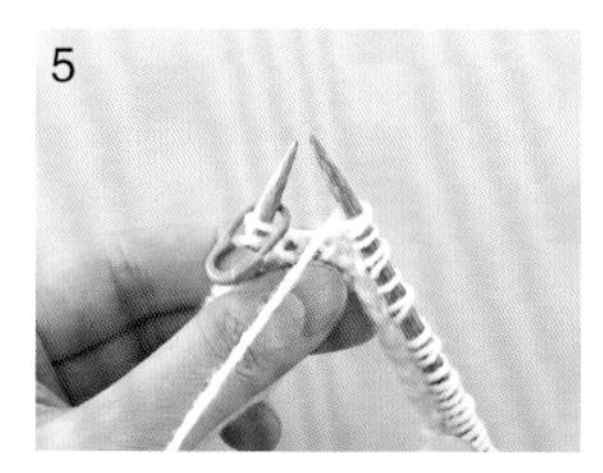

第3行的最后，将线放在织物的前面。

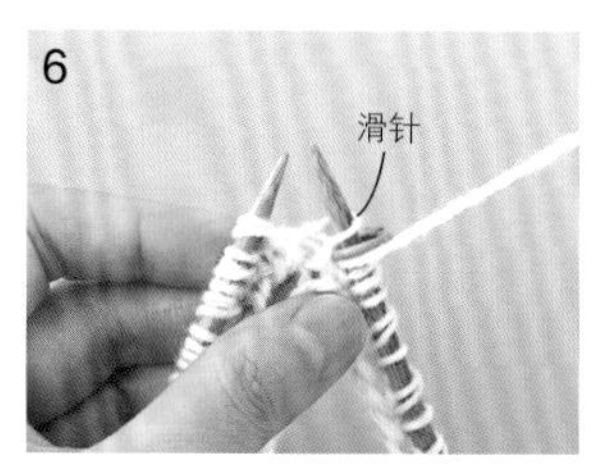

第4行。编织滑针。

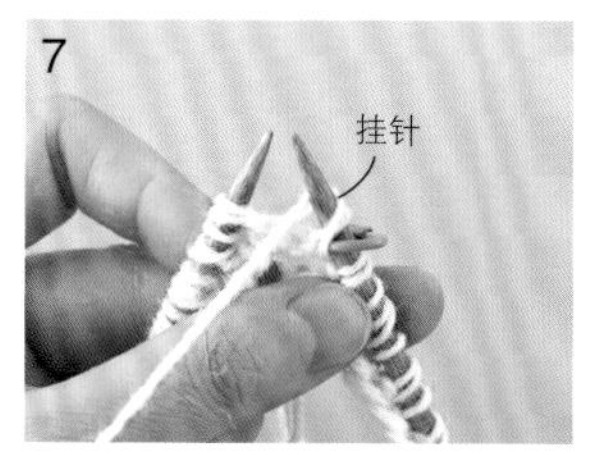

编织挂针。

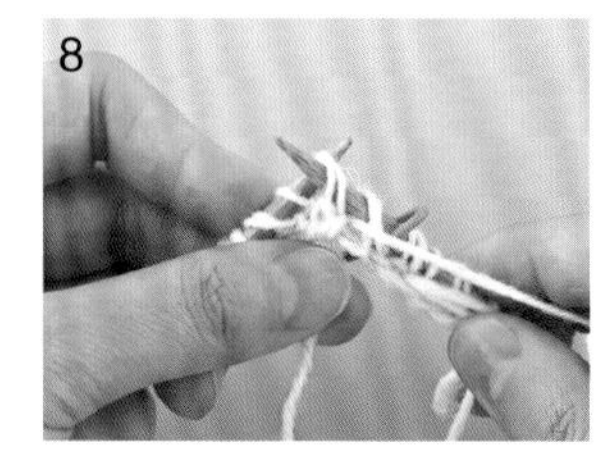

编织反拉针（在此状态下编织上针，自然就变成了反拉针）。

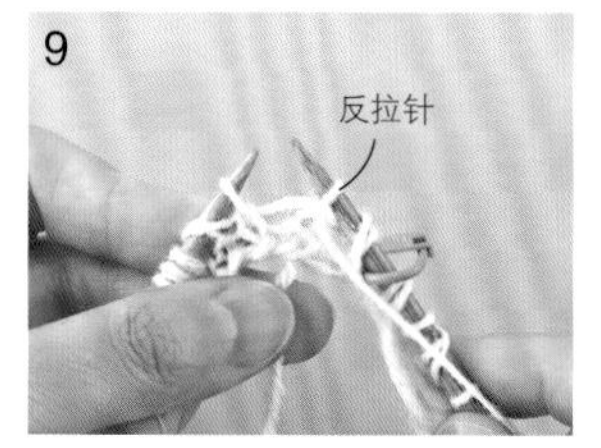

反拉针完成。重复步骤6~8。

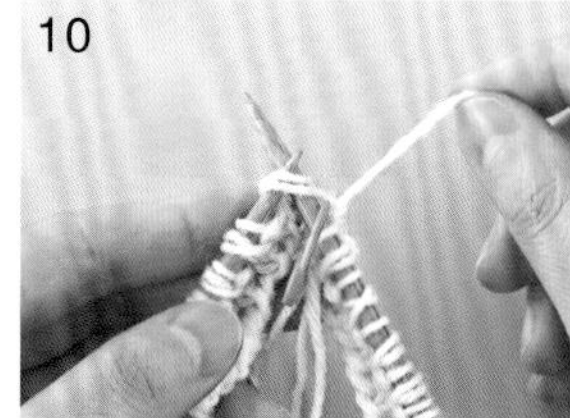

第5行。编织正拉针（在此状态下编织下针，自然就变成了正拉针）。

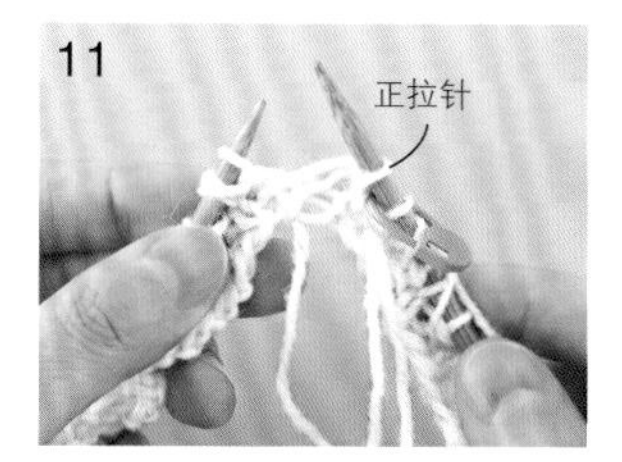

正拉针完成。

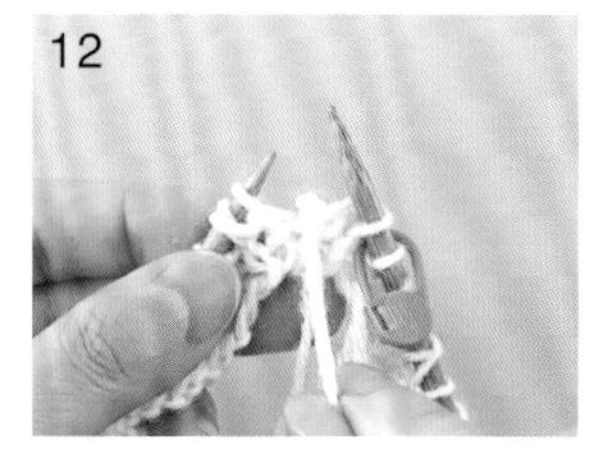

将线放在织物的前面。

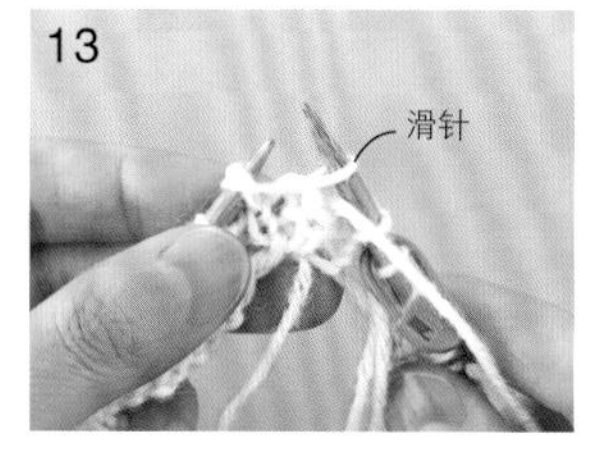

编织滑针。

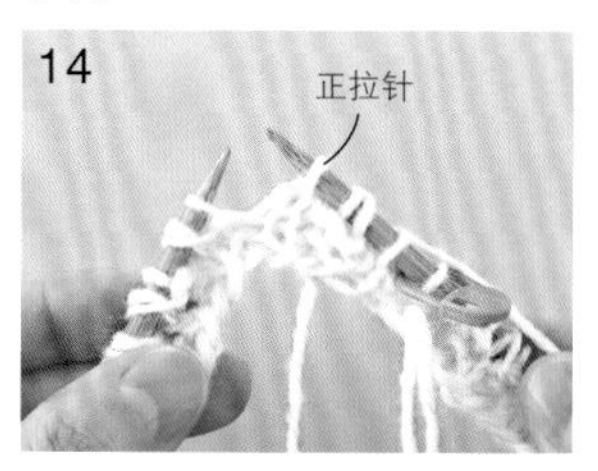

编织正拉针。重复步骤12~14。

重复编织第4、5行的针法。这样可以编织出厚实的罗纹针。

【活结（ ）和织物两端的加针方法】

这里介绍的是增加1针的方法，可以作为袖窿和衣领等部位接合或缝合的缝份，或者用在罗纹针的两端补充针数。下面以直线的接袖位置为例进行说明。

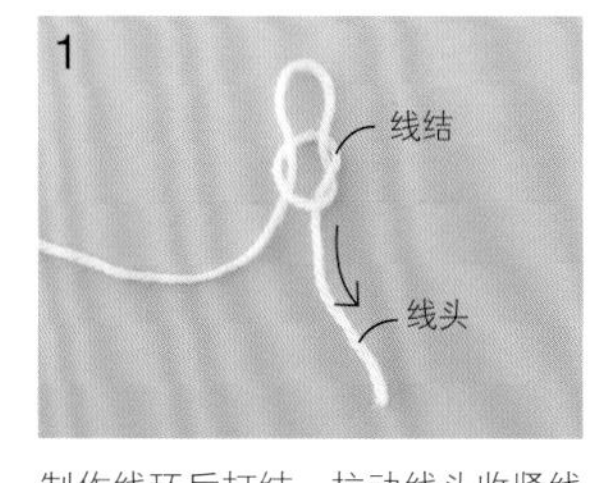

制作线环后打结。拉动线头收紧线结（活结）。

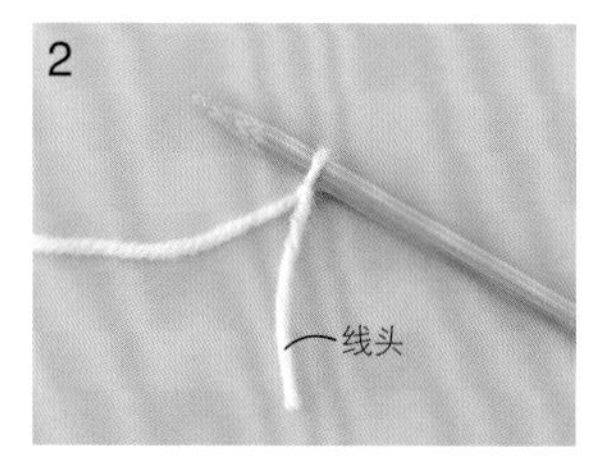

将线环挂在棒针上。

※“手指挂线起针”的第1针也是用这种方法起针。

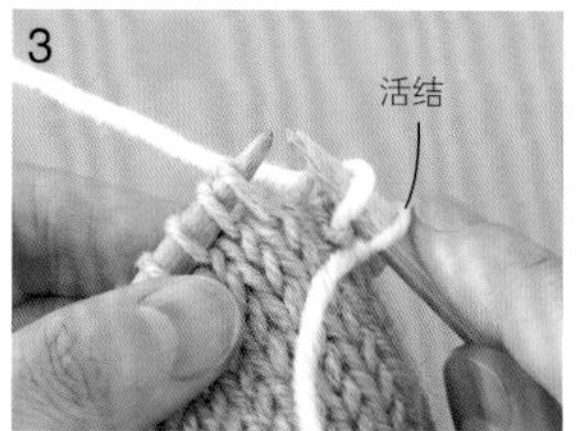

腋下做休针处理。接着编织身片部分，右侧增加了1针。

左侧编织卷针。另一侧的腋下也做休针处理。

左、右各增加了1针。

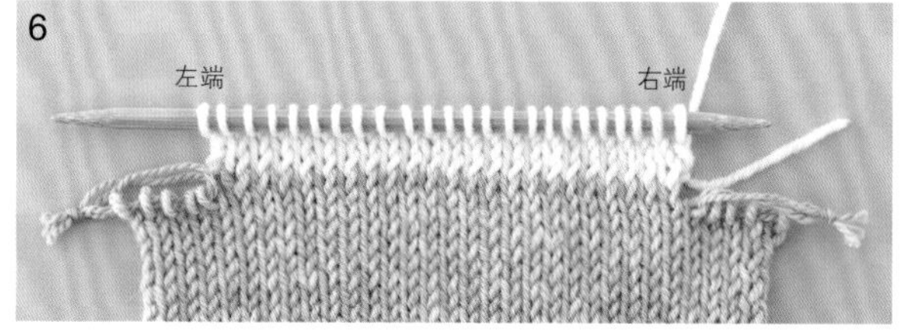

继续编织几行后的状态。通过增加1针，就多出了缝份（袖子也可以从此处挑针）。

【用环形针做往返编织的方法】

与棒针一样，一边翻转织物一边编织，就可以编织出平面织物。针数比较多时非常方便。

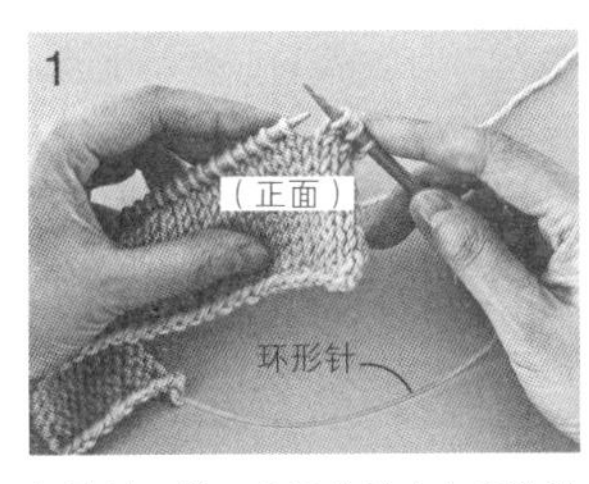

与棒针一样，将织物放在左手边进行编织。

编织至末端后，织物来到了右手边。

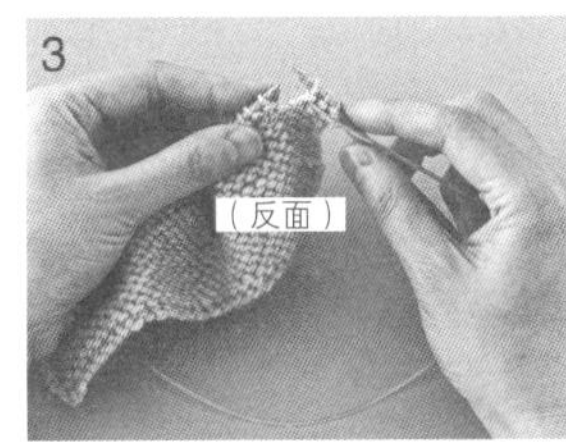

将织物连同环形针一起翻至反面。织物回到左手边后，与棒针一样编织。

编织至末端。按相同要领，一边连同环形针一起翻转织物一边编织。

【用魔术环技法编织的方法】

即使没有短针绳的环形针或4根（5根）1组的棒针，用魔术环技法也可以编织像袖口一样窄小的筒状织物。用1根80cm长的环形针就可以环形编织各种尺寸的毛衣和小物。请尽量使用针绳比较柔软的环形针。

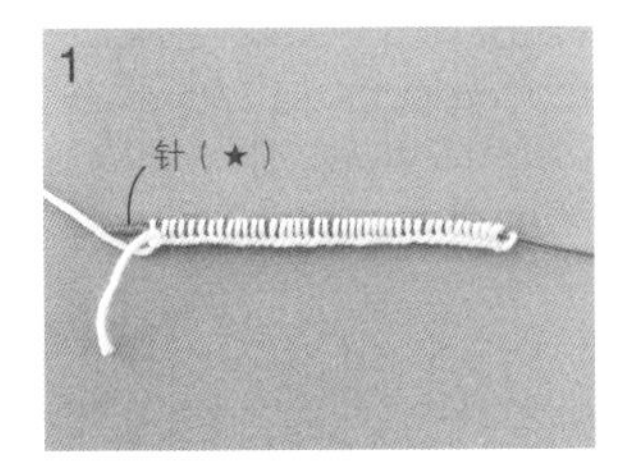

用环形针的1根针（★）做“手指挂线起针”（第1行）。

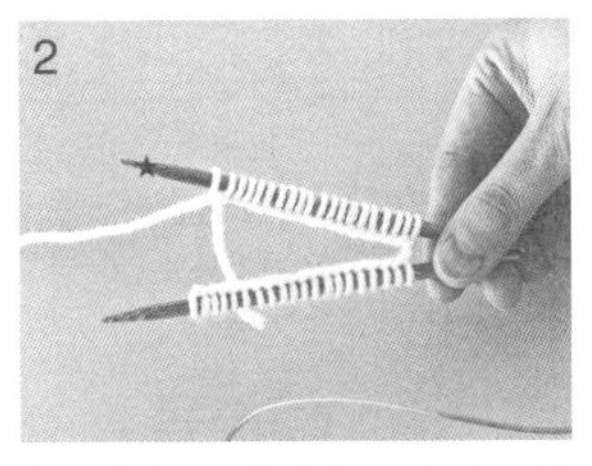

将起针针目平均分在2根针上。接下来，拿针时始终保持织物的正面朝前。

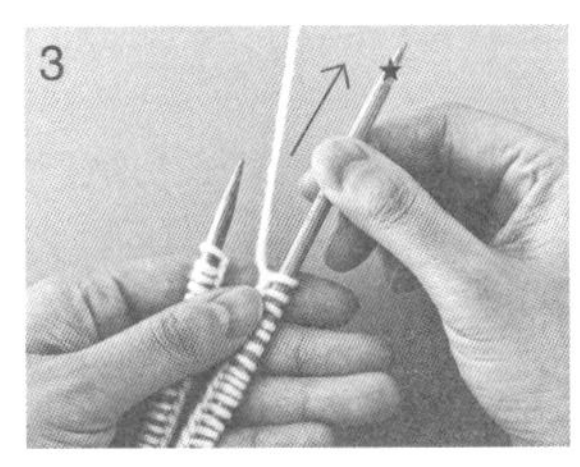

抽出编织起点一侧的针（★）。

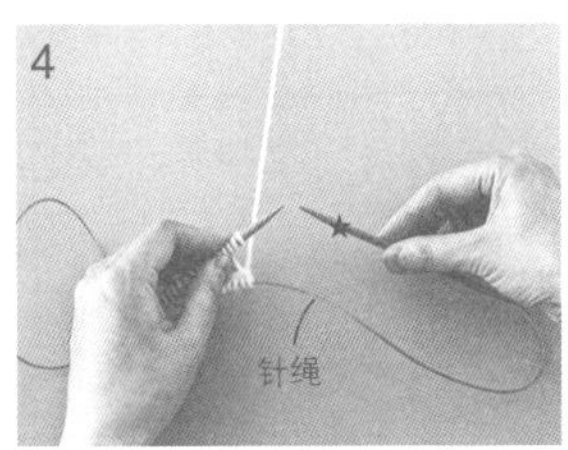

将一半的起针针目移至针绳上，如图所示左手拿织物，左右手各握1根针。

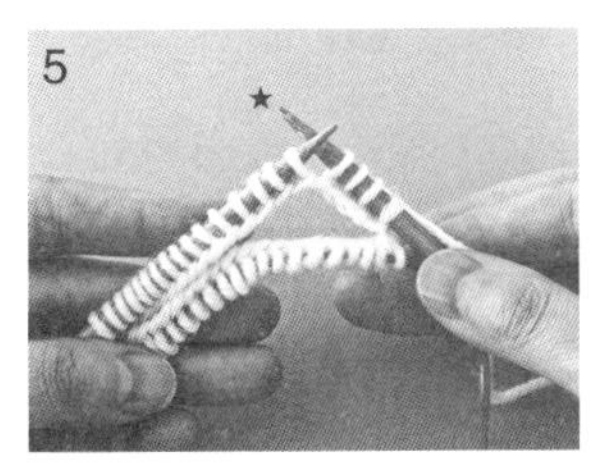

编织第2行。第1针将线拉紧一点。如图所示，右手握住针和针绳，编织一半的针目，注意针目不要发生扭转。

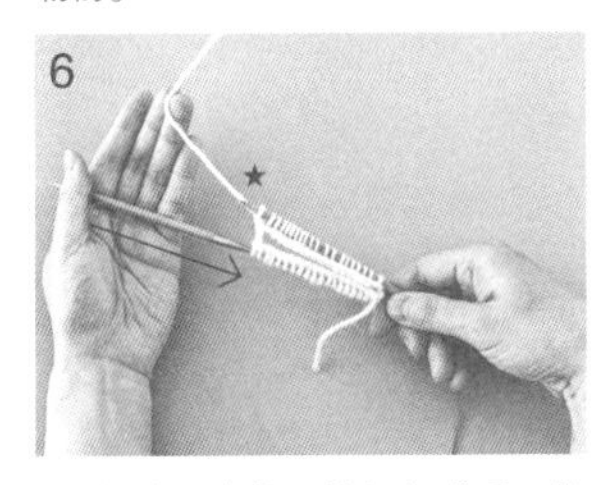

第2行的一半针目编织完成后，将针绳上的针目移至左手握着的针上。

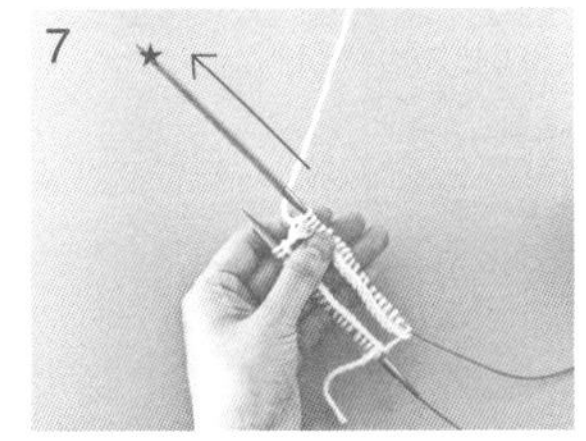

抽出另一根针（★）。

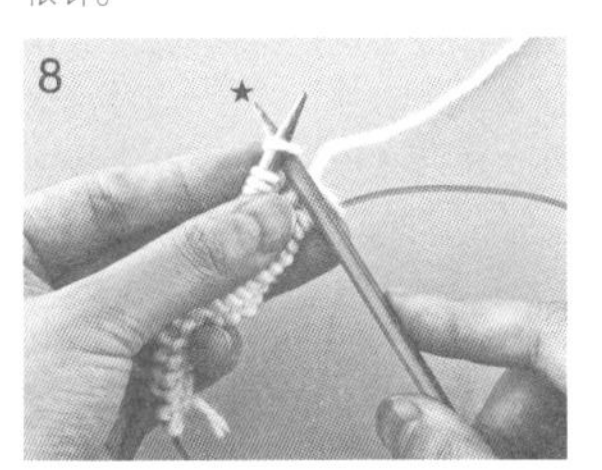

与步骤4一样，左右手各握1根针，编织剩下的一半针目，完成第2行的编织。

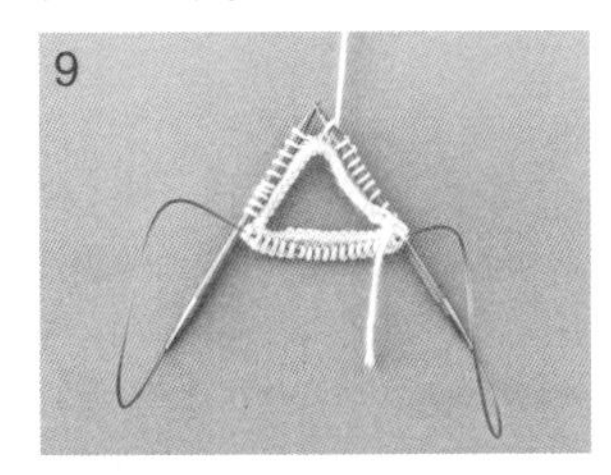

从第3行开始，重复步骤3~8继续编织。

【防止领窝、袖窿拉伸变形的方法】

在反面钩织引拔针，在一定程度上可以固定尺寸。这样可以防止穿着时织物拉伸变形。

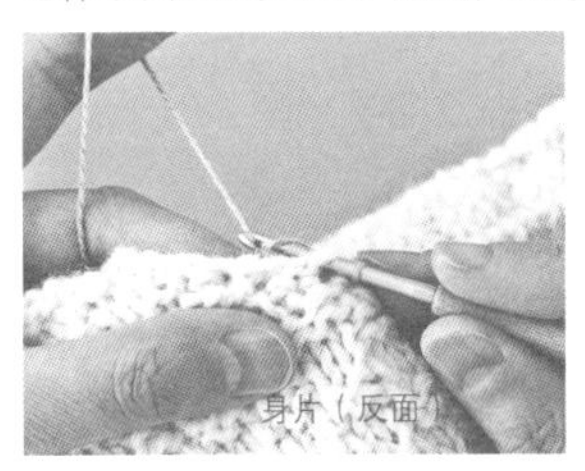

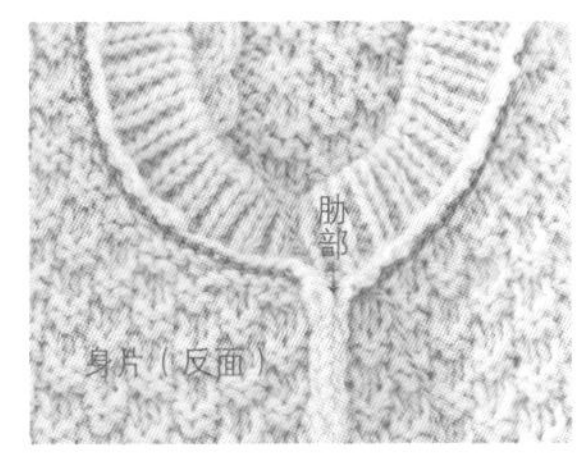

将身片翻至反面，用钩针在边上第1针与第2针之间钩织引拔针。线要比作品用线细一点，可以是相同颜色或者不太显眼的颜色（为了便于理解，图中使用了不同颜色的线）。

如何制作穿着舒适的毛衫

【关于起针】

棒针编织中，挂在针上的针目计为1行。所以，起针也是1行。这里就本书中出现的2种起针方法进行说明。

・手指挂线起针

这是右手拿棒针，左手拿线，用手指在针上挂线起针的方法。起针时的针号建议比从第2行开始编织的针号大1号。也有将2根棒针并在一起起针的方法，但是这样针目往往偏大。

从下摆和袖口的边缘开始编织时，边缘中含有延伸至身片的花样时，或者从技术上希望更容易编织，以及试编样片时都用这种方法起针。因为它伸缩性适中，可以用于各种织物的起针。边缘是罗纹针时也可以采用罗纹针起针，请按个人喜好选择合适的起针方法。

・从另线锁针的里山挑针的起针

这是用另线钩织锁针，然后从锁针的里山挑针的起针方法。钩织锁针的钩针号数以比棒针号数大2号为宜（因为手的松紧度不同可适当调整）。起针后，锁针的长度会收缩，所以起针的要点是钩织得松一点。

想要在身片和袖子编织完成后再根据整体效果确定边缘长度时，可以用这种方法起针。虽然用这种方法起针有点烦琐，但不仅方便最后调整边缘的尺寸，而且方便在穿着一段时间后，边缘松弛或者磨损时拆掉重新编织。

【关于编织密度】

编织密度表示织片一定面积内针目的多少，是按制图尺寸编织的基础。首先用指定针号的针编织边长为15~20cm的正方形样片，然后从反面用蒸汽熨斗悬空熨烫，注意不要接触样片。等样片冷却后，在针目比较平整的区域（除织物的边缘以外）数出10cm×10cm面积内的针数与行数。可多数几个地方，算出平均值。这就是编织密度（注：像阿兰花样等由若干种花样组合在一起的情况，花样不同，密度也不一样，就需要按花样分别标注）。

当样片的密度与书中标注的密度不同时，请更换针号重新编织（因为只靠手的松紧度调整编织密度比较难，针目也不平整）。编织时手的松紧度因人而异，与指定针号不同也不必太在意，相差4号左右都很正常。与线相比，针细了容易劈线，针粗了又不方便编织。编织得久了，就会慢慢习惯的。针就是编织出指定密度的工具，未必要用指定针号编织作品。虽然作品的编织方法中标出了针号，但最终使用的针号还是以能够编织出所需密度为准。

【如何编织出指定尺寸】

确定密度后，开始编织作品。虽然毛衫没有特别规定各个部件的编织顺序（※），但一般从后身片开始编织比较好。将样片一直放在手边，时不时确认一下针目的多少。在织物编织到15~20cm后，请确认一次尺寸（※）。首先，将织物放在熨烫台等不易滑动的台面上摊平。之后，用尺子测量衣宽和长度，再确认一下密度。测量密度的样片是边长15~20cm的正方形小织片，后身片的宽度大约是50cm。编织宽的织物时，因编织速度比较快，有时会出现针目偏紧、针脚偏矮（长度变短）的情况。相反，密度一致时就会比较放心，也容易出现针目变松、尺寸变大的情况。针目的大小不仅与手的松紧度有关，也与编织时的心情有很大关系。因为是人工编织，这样也很正常。只要留意针目的大小和尺寸，渐渐地就能编织出接近理想尺寸的织物。如果与制图的尺寸大致相同，就可以继续往下编织。如果相差很大，请试试下面几种方法。

・衣身太窄（或太宽）的情况：前身片起针时，增加（或减少）针数来修正不足（或多余）的尺寸。缝合线向后侧（或前侧）偏移。

・衣身太短（或太长）的情况：为了达到制图上的尺寸，继续编织（或拆掉）几行。含编织花样的作品要注意花样可能发生错位。前、后身片和左、右两边的袖子要分别统一行数。领窝附近的花样比较显眼，建议事先确认好花样的排列方法。

・其他（除上述情况外）：拆掉重新编织。织物太大时，改小1个针号重新编织就会小一圈。同理，织物太小时，改大1个针号就会大一圈。另外，即使与标注尺寸不一致，有时在搭配和穿法上花点心思也可以达到满意的效果。

※关于毛衫各部件的编织顺序

・按相同尺寸编织相同形状→按后身片、前身片、2个袖子的顺序编织。特别是袖子，为了避免左右长度不同，建议编织时间不要间隔太久。

・想要确认用线量时→先编织后身片和1个袖子，称一下它们的重量，该重量的2倍加上边缘编织部分就是作品的大概重量。然后编织剩下的部件。这种方法可以很方便地确认手头毛线是否充足。

※关于织物的特性

当织物的宽度大于长度时，具有横向拉伸的特性；而当织物的长度大于宽度时，具有纵向拉伸的特性。身片开始编织后不到10cm时，织物可能呈现横向拉伸的状态。接近正方形时，织物的状态是最稳定的。考虑到胁部的长度，最好是编织15~20cm后确认一下尺寸和编织密度。

【了解自己的尺寸，编织合身的毛衫】

为了编织出穿着舒适的作品，了解自己毛衣的尺寸至关重要。本书作品是以女性M号为基准进行制图，并非适合所有人。编织前，取一件比较合身的成品毛衣摊平，测量出下面几个尺寸。

- 胸围（衣身最宽处的尺寸×2）
- 衣长（从衣领到下摆的长度）
- 袖长（从肩部到袖口的长度）
- 连肩袖长（从后领窝中心到袖口的长度）

用以上尺寸分别对照想要编织的作品尺寸（标注于编织方法页）。如果用来测量尺寸的毛衣偏薄，而手编织物比较厚，最好编织得稍微大一点。需要改变尺寸的部分请事先做好调整。此时，应以花样为单位加长（或缩短），这样既不会影响整体的效果，也可以直接使用弧线部分的推算数据。另外，想要整体放大（或缩小）一圈时，无须改变针数与行数，改大（或改小）1个针号就可以进行调整。

【关于制图上的推算数据】

制图中标注的推算数据表示指定位置弧线和斜线的加减针方法。

・○—△—※

表示每○行加（或减）△针，重复※次。

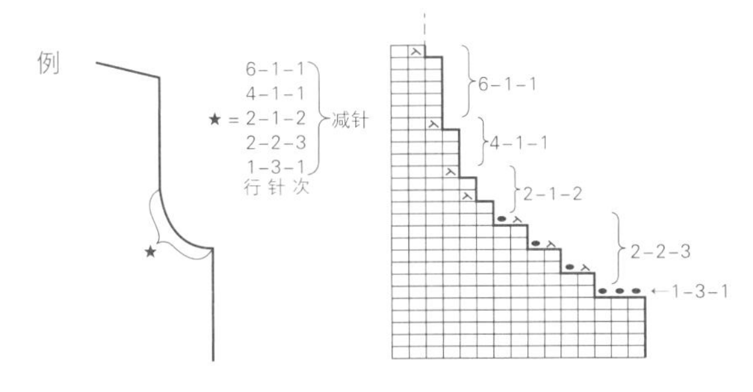

另一侧弧线的减针要晚1行（2针及以上的减针是在有线的一侧进行操作）。如果有具体显示加减针的编织图，请一并参照图示编织。

【漂亮的下针编织技巧】

好像很多人都有这样的烦恼：下针编织的织片很难编织得整齐又美观。刚开始编织得不整齐很正常，编织得多了，针目自然就会整齐起来。不过，无论针目是否整齐，我们都可以从努力编织的针目上感受到那份认真，这是最难能可贵的。当然，也有一些小技巧可以帮助您编织得更美观一些，供大家参考。

・观察自己编织的针目

将织物正面朝上放好（手指挂线起针后开始编织时，将起针的线头放在左下角）。确认是否有针目松弛或者有条状纹路的地方。如果整片织物都有条状纹路，再确认一下发生在哪一行。

・针目松弛的情况

织物状态不稳定（比如编织起点、织物的两端）和法式带线编织的情况下，左手上的线取下后重新挂线时，针目就容易变松。可有意识地将线拉紧一点，使针目尽量与针的粗细吻合。

・织物上出现条状纹路的情况

编织上针（偶数行）时，针目往往会变松，出现条状纹路。如果使用可替换针绳的环形针（参照p.35）做往返编织，在针绳上安装针头时，可将一侧的针改小1号。如果使用棒针编织，同样可将2根棒针中的其中1根换成小1号的棒针。

编织下针（奇数行）时使用指定针号，编织上针（偶数行）时使用比指定针号小1号的针，这样，上针（偶数行）的针目自然就会变小。如果这样还没有改善，那就再改小1个针号进行调整。

法式带线编织的情况下，只要编织上针时将左手的挂线稍微拉紧一点（比如在小指上绕一圈线），针目就会变得更加整齐。

下面是编织毛衣时，针目容易变松的几个部位的处理方法。

・身片的领窝与肩部之间针目太松的情况

织物的宽度变窄，加上减针和引返等操作，编织速度会变慢，针目就会变松。这也是领窝和肩部容易拉伸变形的原因。参考上面的方法，建议使用比前面更小的针号编织（以最后整体的针目大小相同为准）。

・袖子太长的情况

袖子通常比身片的宽度要窄，编织速度会变慢（即使用同样的手劲儿编织），针脚偏高，有时实际长度会比制图中标注的尺寸还要长。因为每个人的编织习惯不同，调节针脚的高度比想象中要难很多，建议通过减少行数进行适当调整。本书部分作品中也注明了改变袖长的编织要点，请一并参考。

【关于接合／缝合】

“接合／缝合”与“编织”是完全不同的操作，也让不少人感觉很棘手。比如，不知道在什么位置入针，或明明很小心地缝合却错位了，或不知道缝合线应拉紧到什么程度才好……很多人总是不得要领。

请试试按下面的步骤进行接合／缝合吧。希望大家在掌握技巧后，接合／缝合的时候也能游刃有余。

①手指挂线起针的情况，按“起针所需线量（大约是织物宽度的3倍）+用于接合／缝合的线量（40~50cm）”预留出足够的线后开始起针。为了避免妨碍编织，请将线头绕成小团。后面用这个线做接合／缝合，还可以减少线头处理工作。

②织物编织完成后，用蒸汽熨斗熨烫一下织物的边缘。因为刚编织好的织物边缘很多会卷起来，为了使边缘平整一些就需要用蒸汽熨斗进行整烫。

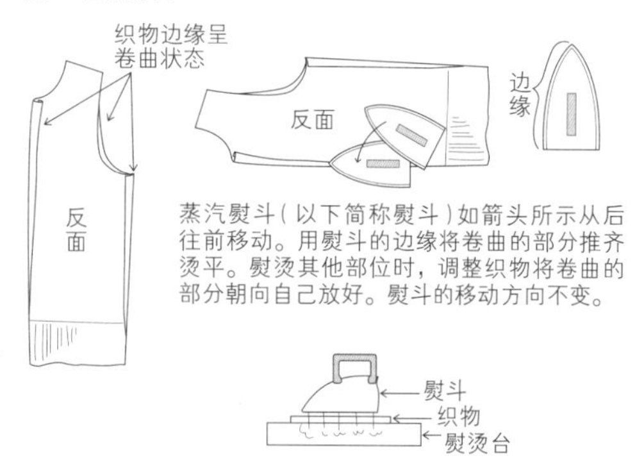

边上第1针与第2针熨烫平整后，不仅针目本身一目了然，2针之间的渡线（挑针缝合就是在这根渡线里逐行挑针）也更容易分辨。

③缝合胁部和袖下时，两片相对，右侧的织物要比左侧多出1行。

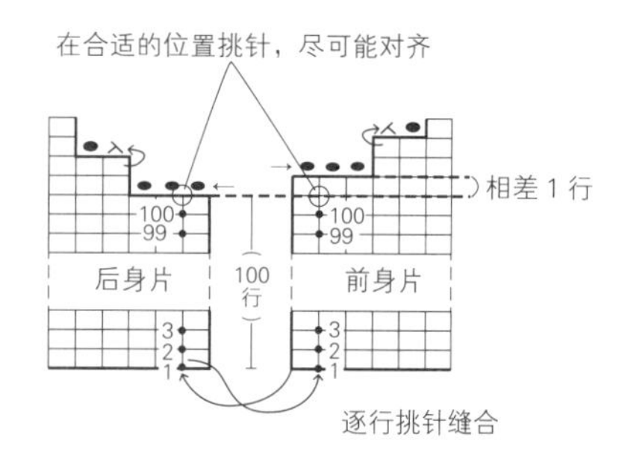

因为是在有线的一侧做2针及以上的减针，所以缝合时右侧肯定会多出1行。在袖窿编织边缘，或者拼接身片和袖子后，这个错位问题就不明显了。

・减少错位的方法

编织时（比如，刚开始每隔10行，熟练后每隔20行）在织物的边缘放入行数记号扣（参照p.35）作为标记，然后对齐标记缝合。袖下在同一行进行左右两边的加针，加针位置就可以作为对齐标记。逐行挑针缝合时，加针位置应该并在一起。如果错开了，可能是因为挑到了别的线（而不是第1针与第2针之间的渡线），可以一边拆开一边确认一下。

・关于接合／缝合时线的松紧度

为了将2片织物拼接成平整的1片织物，拉动线时要保持织物原来的尺寸不发生变化。然后，从反面用蒸汽熨斗熨烫一下缝份，接合／缝合部分会更加平整。在西式服装的缝纫中，缝合后将缝份分开熨烫可以使作品更加顺直。这两者有着异曲同工之妙。

接合／缝合结束后，将缝合部分（特别是袖下）轻轻地拉扯几下，因为穿着时，将手臂伸入袖子的时候织物会有轻微的拉伸。此时，如果缝合线没有断开，就说明没有问题。大家在缝合后不妨用这种方法确认一下。

【关于线头处理】

・（用纯色线）编织的中途，线快用完的情况

如果在一行的中途线用完时，往回拆至前一行的编织终点，然后留出5~6cm的线头剪断。接着在织物的一端加入新线（此时也要留出5~6cm的线头）开始编织。换线位置的针目会比较松，如果介意的话也可以先松松地打一个结。等接合／缝合后，再将线头藏到缝份里。

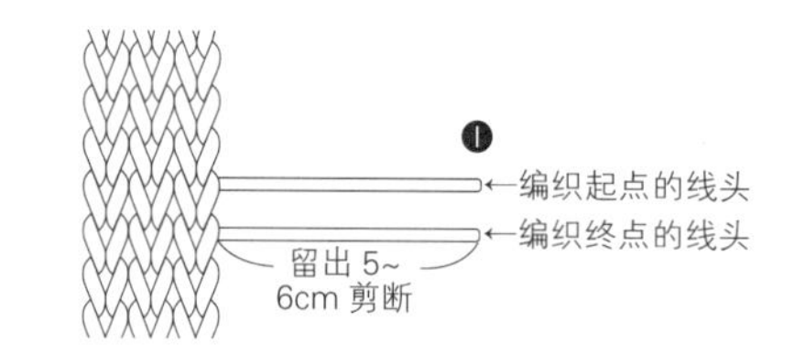

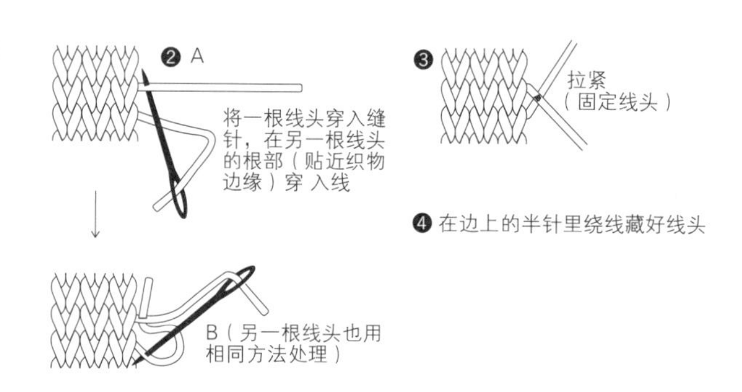

如果在一行的中途换线，处理线头的部分就会影响织物的正面。不过有一种情况例外，像阿兰花样等，花样与花样之间有上针时，也可以在上针部分换线。因为从反面看，上针部分就是下针，可以像在缝份里藏线头那样处理，几乎看不出来。

· 接合／缝合后的线头处理

所有部件拼接完成后，就剩下处理线头了。从反面看很多地方都有线头，难免会感觉无从下手。而且，如果处理不当，也有可能出现织物变硬、缝份变厚的情况。当你为处理线头不知所措时，试想一下穿着时的样子吧。如果在容易拉伸的地方做线头处理，随着织物的伸缩，线头就会冒出来。比如领窝附近。因为套进头部时领窝会撑开，所以最好沿着罗纹针的方向竖着做线头处理。袖口也是一样，处理线头的秘诀就是尽可能选择衣物穿着时不会伸缩的位置。先在半针里绕缝3~4cm，再剪掉多余的线头。做连指手套拇指部位的线头处理时，一边缝合挑针后留出的空隙，一边沿拇指纵向挑起一点织物绕缝3cm左右藏好线头。如果是羊毛线，在穿过几次后纤维会交织在一起，处理线头时做到这一步就可以了。如果是羊驼绒等比较顺滑的线，呈U形（照常做线头处理后，再往回缝一点）藏好线头。

【关于纽扣的选择和钉缝】

· 关于纽扣的选择

编织完成，钉上纽扣吧！这时，怎么也找不到合适的纽扣是常有的事。因此，平时逛纽扣店、手工艺品店和古董市场时就可以收集一些喜欢的纽扣。如果是3cm宽的前门襟，就需要五六颗直径18mm左右的纽扣。如果纽扣小一点，可以增加纽扣数量，或减少前门襟的宽度……真是思绪飞转的快乐时刻。说到选择纽扣的要领，一是轻巧（以免太重而使前门襟拉伸变形），二是边缘要光滑（以免扣眼起毛）。另外，细长的纽扣更容易穿入扣眼，也可以成为设计的一大亮点。如果遇到怦然心动的精美纽扣，应该毫不犹豫地买下来（在钱包允许的情况下），将来某天一定会用上。就算只是看着，那一刻也是赏心悦目的。

· 关于钉缝方法

有很多种钉缝方法，不过我个人会在反面加一颗垫扣（直径5mm左右的两孔纽扣，纽扣店均有销售），再用钉缝线缝上纽扣。如果直接在边缘缝上纽扣，穿着一段时间后边缘的线有可能断开，而用纽扣和垫扣夹住边缘，就可以减少边缘的受力，更耐用。另外，虽然用比钉缝线再细一点的编织线（用作品编织线制作的分股线）钉缝纽扣可能与织物更加匹配，但是从结实程度来看，钉缝线更胜一筹。如果是不带脚的纽扣，考虑到扣上纽扣的效果，需要留出相当于织物厚度的空隙，可通过制作线柱解决。钉纽扣时可以在纽扣下方夹一根牙签，取下牙签后，再在纽扣的根部绕几圈线，这样制作的线柱就能保持一定的高度。

※分股线的制作方法

将线松捻开，分成2股粗细相同的线。再将分股出来的线重新加捻，同时用蒸汽熨斗熨烫一下以固定线的捻劲儿。

【关于毛衣的护理】

· 日常护理

与其每天穿同一件毛衣，不如几件毛衣换着穿，这样既不会给织物纤维造成负担，还能令毛衣更加经久耐穿。穿了一天后，可用毛衣专用刷子整理一下，刷去灰尘，梳理一下纤维的方向。手工编织的毛衣要挂在稍微厚实一点的、不易滑落的衣架上，晾上几小时阴干。因为天然纤维有一定的吸湿、透气性能，可以排出穿着时吸收的汗液和湿气，从而恢复到自然的状态。等晾干后折叠好，再收到抽屉里即可。

· 关于洗涤

用手编线编织的衣物大部分都可以在家里清洗。洗涤方法请参照线材标签上的洗涤标志。手洗时，请参照下述方法。

在水槽或大一点的水盆里倒入40℃左右的温水（水洗标志中标注温度时，请准备低于该温度的水），然后放入所需数量的中性洗涤剂并溶解。将毛衣折叠起来浸泡在洗涤液中，轻柔地按压。脱水后重新倒入温水，继续清洗直至将洗涤剂清洗干净，再次轻柔地脱水后晾晒阴干（如果过度脱水，容易留下褶皱）。最好是摊平晾干，如果不方便也可以晾在竹竿上（将毛衣纵向对折后晾在竹竿上，注意保持自然状态以免袖子拉伸变形），轻柔的织物（比如背心等）也可以挂在不易滑落的衣架上晾干。等织物晾干后应立即取下。

中性洗涤剂也分很多种类。有的洗涤剂散发着自然的清香；有的洗涤剂是用环保材料加工而成，不用漂洗很多次；还有的洗涤剂可以在洗涤时为衣物补充羊毛油脂（译者注：起到柔顺的作用，保持织物的弹性和松软），请大家按个人喜好进行选择。

· 收纳时的注意事项

换季时，将洗涤后的织物与防虫剂一起放入密封性良好的衣柜里。注意不要塞得太满，以免影响药物成分的发挥。

作品的制作方法

p.11　亨利领保暖毛衣

材料　［芭贝］British Eroika 浅米色（134）644g
工具　8 号、7 号的 2 根棒针（用环形针做往返编织时，参照 p.41 用 8 号、7 号 80cm 长的环形针）
辅材　直径 1.8cm 的纽扣 5 颗，垫扣（透明）5 颗
密度　10cm×10cm 面积内：编织花样 18.5 针，24 行
尺寸　胸围 102cm，衣长 58.5cm，连肩袖长 70cm

编织方法　用 1 根线和指定针号编织。

・编织后身片

另线锁针起针，用 8 号针从里山挑取 95 针，接着按编织花样编织 72 行。腋下部分穿入另线休针，然后一边在插肩线减针一边按编织花样编织 44 行，结束时做伏针收针。解开起针时的另线锁针，用 7 号针挑取 95 针。在第 2 行平均减针至 86 针，编织 18 行单罗纹针。结束时做单罗纹针收针（往返编织的情况）。

・编织前身片

另线锁针起针，用 8 号针从里山挑取 95 针。接着按编织花样编织 64 行，在指定位置穿入另线休针，分成左右两边分别按编织花样编织 8 行。腋下部分穿入另线休针，然后一边在插肩线减针一边按编织花样编织 43 行，中途在领窝做伏针收针后一边编织一边减针，剩下的针目休针。解开起针时的另线锁针，用 7 号针挑取 95 针。在第 2 行平均减针至 86 针，编织 18 行单罗纹针。结束时做单罗纹针收针（往返编织的情况）。

・编织袖子

用 8 号针另线锁针起针，从里山挑取 51 针，接着一边加针一边按编织花样编织 88 行。腋下部分穿入另线休针，然后一边在插肩线减针一边按编织花样编织 44 行，结束时做伏针收针。解开起针时的另线锁针，用 7 号针挑取 51 针。在第 2 行平均减针至 46 针，编织 14 行单罗纹针。结束时做单罗纹针收针（往返编织的情况）。

・编织前门襟

用 7 号针手指挂线起 11 针，接着编织 40 行单罗纹针。在右前门襟留出扣眼。结束时做单罗纹针收针（往返编织的情况）。

・组合

插肩线、胁部、袖下做挑针缝合，腋下做下针编织无缝缝合。从领窝挑针，用 7 号针编织 6 行单罗纹针，结束时做单罗纹针收针（往返编织的情况）。将前身片开口与左、右前门襟做挑针缝合。右前门襟下端与前身片开口的休针做下针编织无缝缝合（此时将缝合线拉紧）。左前门襟下端在反面做卷针缝缝合。最后在左前门襟缝上纽扣。

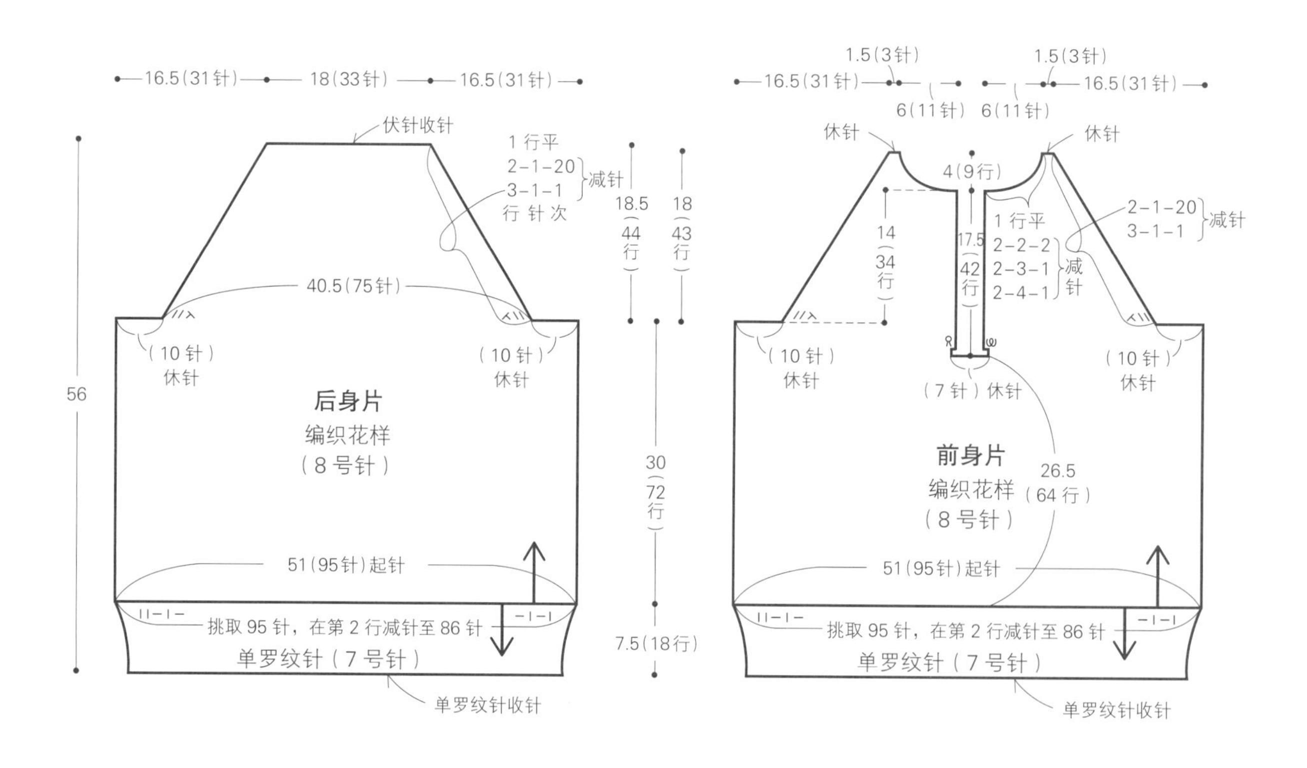

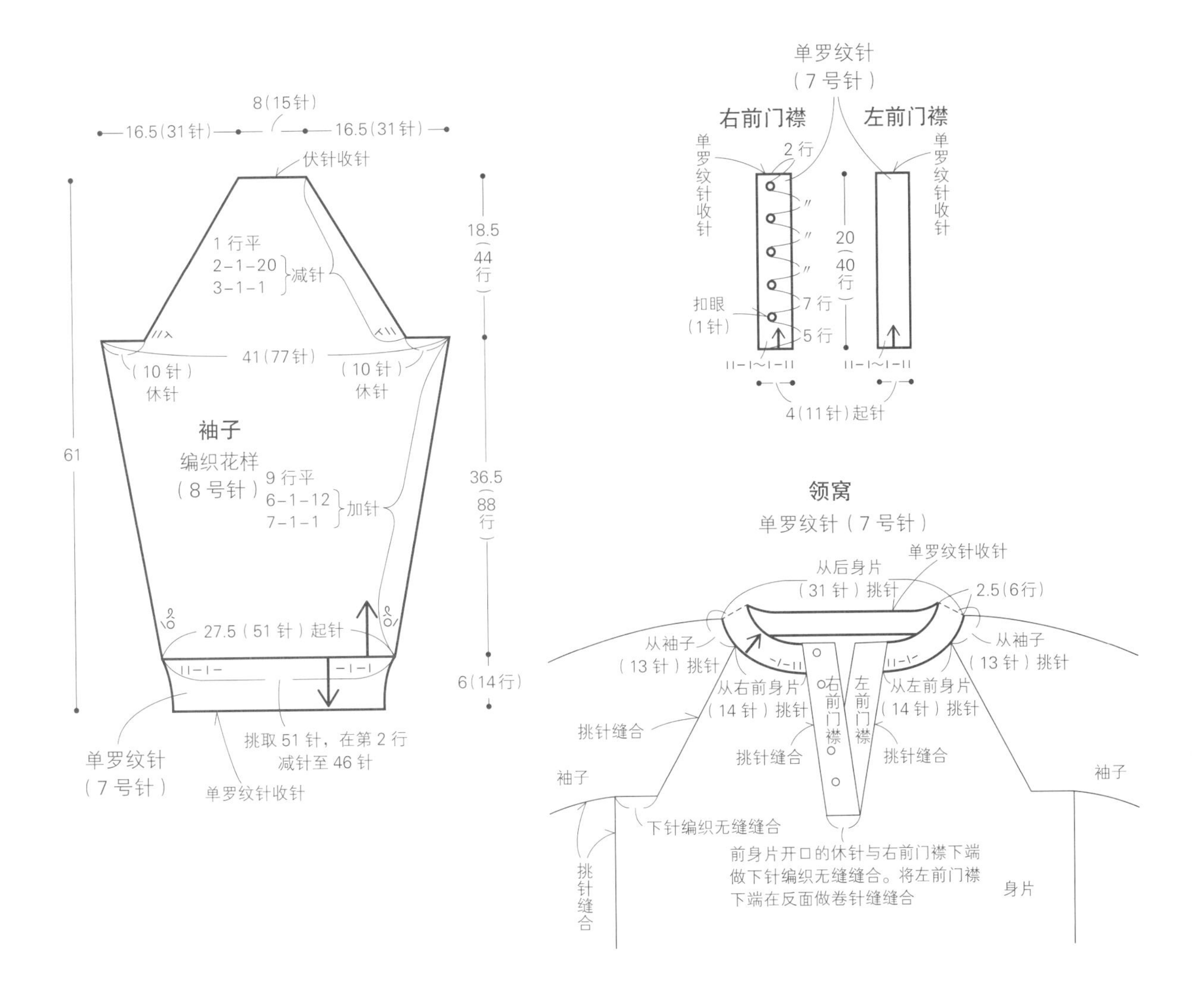

身片、袖子、领窝

单罗纹针（7号针）

※从前身片休针的领窝部分挑针时，
按中上3针并1针挑针。

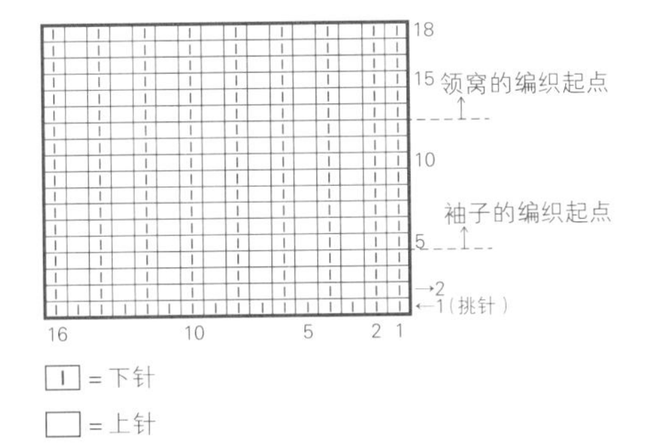

右前门襟

单罗纹针（7号针）

※左前门襟无须留出扣眼，对照右前门襟的
扣眼在对应位置缝上纽扣。

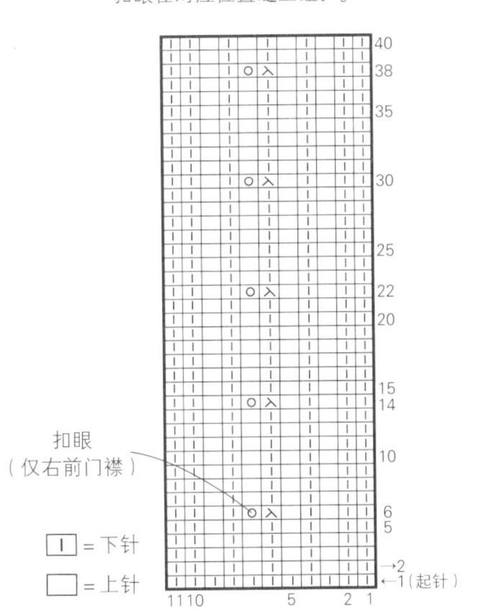

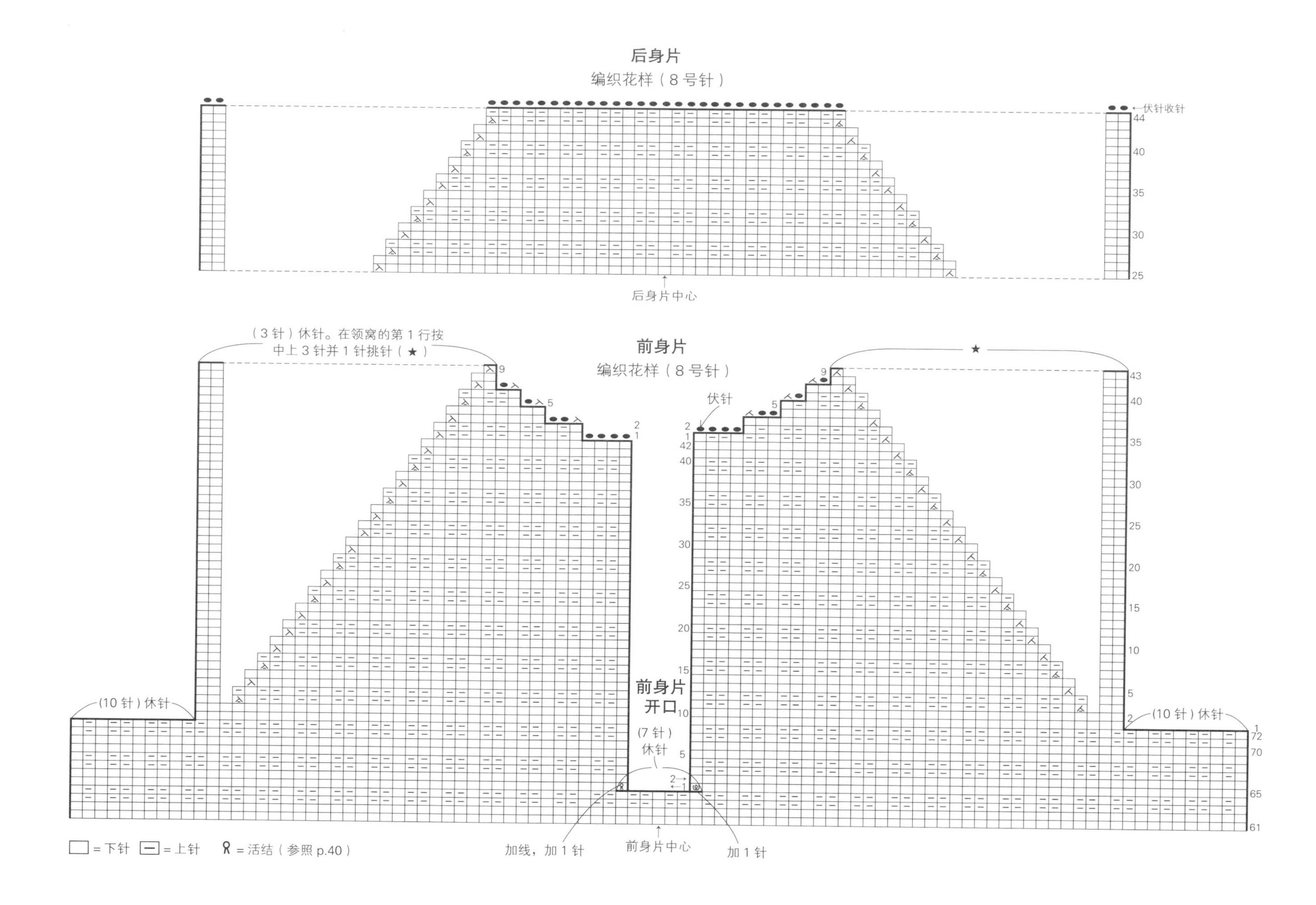
后身片
编织花样（8号针）
伏针收针
后身片中心
前身片
编织花样（8号针）
（3针）休针。在领窝的第1行按
中上3针并1针挑针（★）
★
伏针
前身片
开口
(7针)
休针
(10针)休针
(10针)休针
加线，加1针
前身片中心
加1针
□ = 下针 ⊟ = 上针 ♀ = 活结（参照 p.40）

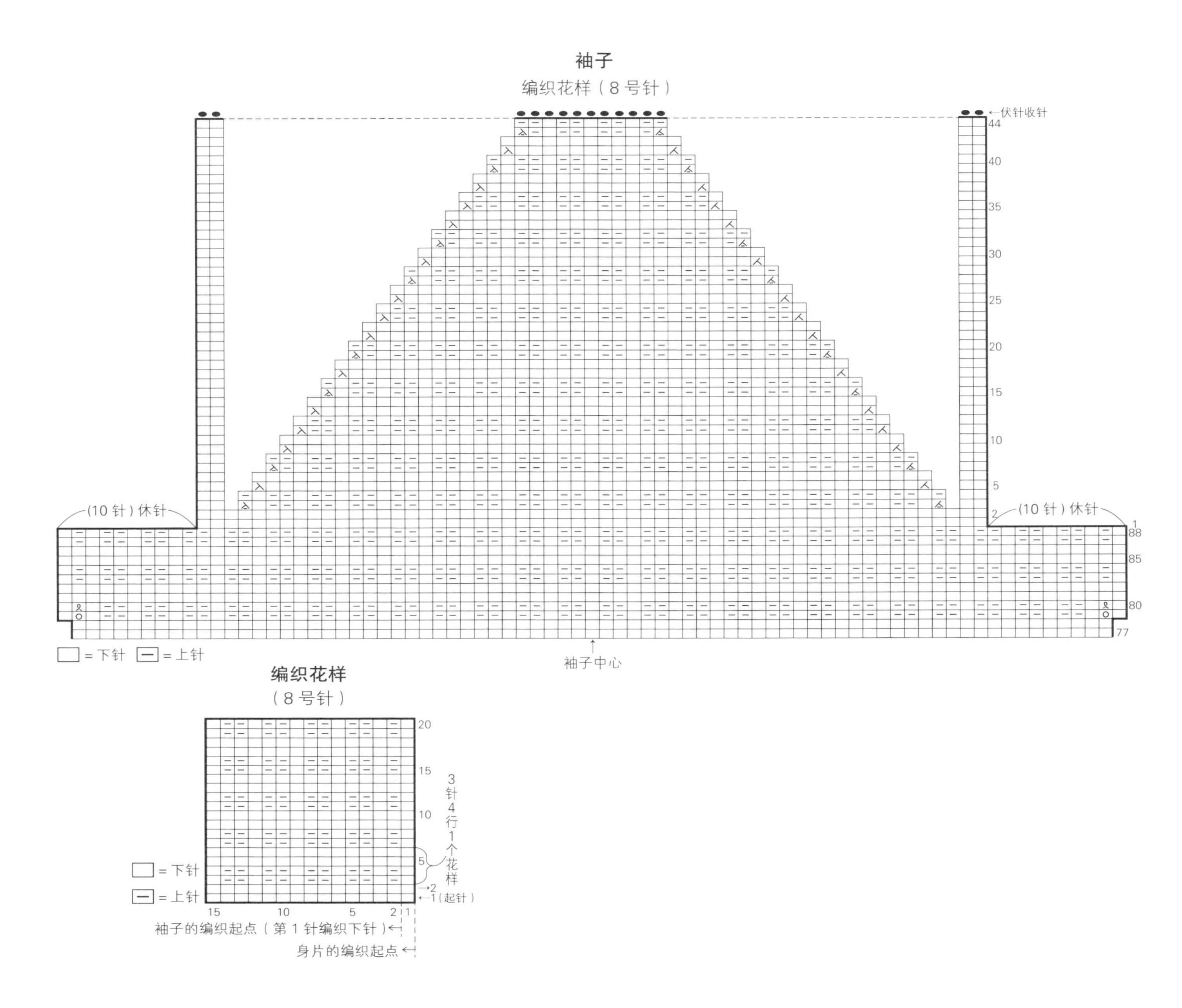

袖子
编织花样（8号针）
伏针收针
（10针）休针
（10针）休针
□=下针 ─=上针
袖子中心
编织花样
（8号针）
3针4行1个花样
1（起针）
□=下针
─=上针
袖子的编织起点（第1针编织下针）
身片的编织起点

p.4　多尼戈尔粗花呢毛衣

材料　［芭贝］Soft Donegal 灰色（5221）514g
工具　9号、8号的2根棒针（用环形针做往返编织时，参照p.41用9号、8号80cm长的环形针），8号40cm长的环形针
密度　10cm×10cm面积内：下针编织16.5针，23行
尺寸　胸围112cm，衣长66.5cm，袖长50cm（连肩袖长78cm）

编织方法　用1根线和指定针号编织。

・编织前、后身片

另线锁针起针，从里山挑取92针。接着用9号针编织112行下针编织。肩部做引返编织（参照p.73），然后休针。领窝做伏针收针后一边编织一边减针。解开起针时的另线锁针，用8号针挑针并减针至91针。编织24行单罗纹针，结束时做单罗纹针收针（往返编织的情况）。

・编织袖子

另线锁针起针，从里山挑取46针。接着用9号针一边在袖下加针一边编织84行下针编织。袖山做引返编织，然后休针。解开起针时的另线锁针，用8号针挑针并减针至45针。编织20行单罗纹针，结束时做单罗纹针收针（往返编织的情况）。

・组合

肩部做引拔接合。从领窝挑针，用8号针环形编织8行单罗纹针，结束时做单罗纹针收针（环形编织的情况）。身片与袖子之间做针与行的接合。胁部从开衩止位到接袖止位做挑针缝合。袖下做挑针缝合。

编织要点　为了防止领窝拉伸变形，可以从反面钩织引拔针（参照p.41）。此作品是男士款的M号，制图尺寸比较宽松。如果觉得连肩袖长太长，可以起48针，然后将袖子推算数据中的10-1-4部分改成10-1-3，或者减少单罗纹针的行数，改短袖长。

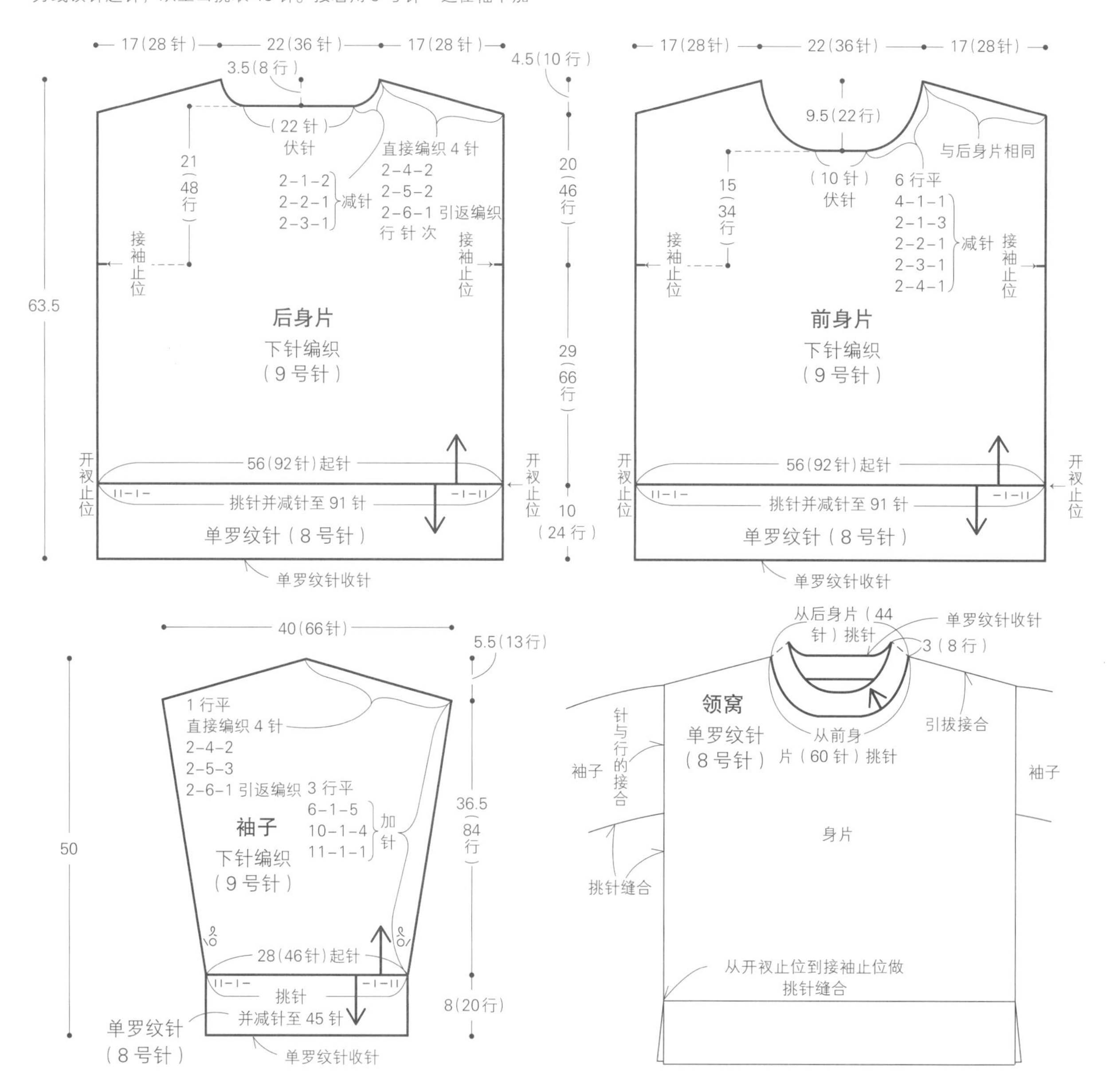

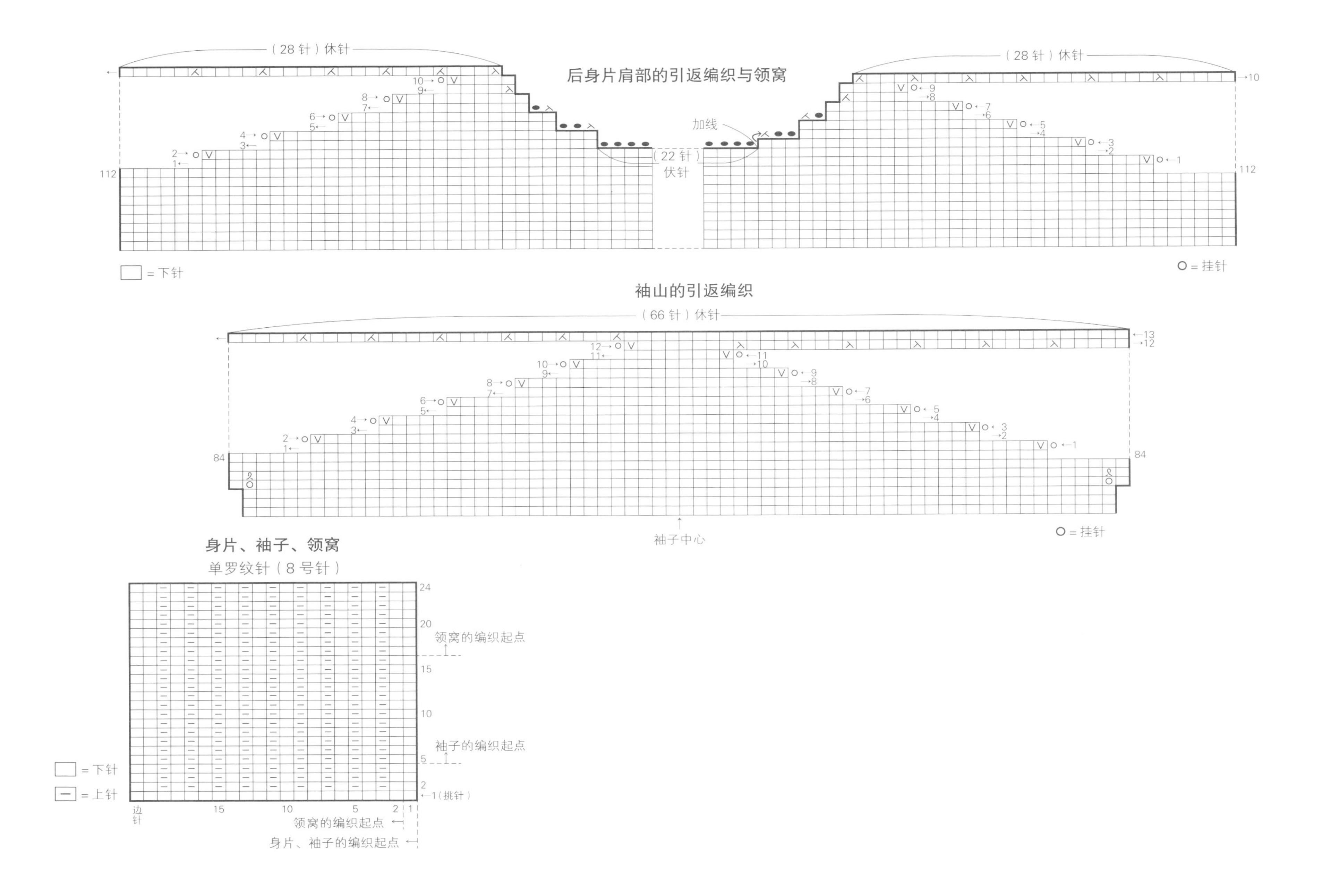
后身片肩部的引返编织与领窝
（28针）休针
（28针）休针
加线
（22针）
伏针
112
112
□ = 下针
○ = 挂针
袖山的引返编织
（66针）休针
84
84
袖子中心
○ = 挂针
身片、袖子、领窝
单罗纹针（8号针）
领窝的编织起点
袖子的编织起点
1（挑针）
边针
领窝的编织起点
身片、袖子的编织起点
□ = 下针
− = 上针

p.6 侧开衩背心 p.8 阿兰花样背心裙

材料 ［达摩手编线］Cheviot Wool

背心…深藏青色（5）343g

背心裙…原白色（1）700g

工具 **背心**…8号、6号的2根棒针（用环形针做往返编织时，参照p.41用8号、6号80cm长的环形针），6号40cm长的环形针

背心裙…8号、6号80cm长的环形针（用环形针做往返编织，参照p.41），6号40cm长的环形针

密度 编织花样A 40针14.5cm，27行10cm；

10cm×10cm面积内：编织花样B 18针，27行

尺寸 **背心**…胸围95cm，衣长57cm，肩宽38.5cm

背心裙…胸围95cm，衣长107.5cm，肩宽38.5cm

编织方法 ※（ ）内是背心裙的针数和行数。

用1根线和指定针号编织。

・编织前、后身片

用6号针手指挂线起100针（120针），接着按单罗纹针和编织花样A编织28行（36行）。换成8号针，按编织花样A、B编织52行（180行）。背心裙一边编织一边减针。然后一边在袖窿减针一边编织62行。肩部做引返编织后休针。领窝做伏针收针后，一边编织一边减针。

・组合

肩部做引拔接合。从领窝挑针，用6号针环形编织8行单罗纹针，结束时做单罗纹针收针（环形编织的情况）。胁部从开衩止位往上做挑针缝合。再从袖窿挑针，用6号针环形编织8行单罗纹针，结束时做单罗纹针收针（环形编织的情况）。

编织要点 背心裙因为重量的关系容易拉伸，做接合和缝合时要稍微紧一些。为了防止袖窿拉伸变形，可以从反面钩织引拔针（参照p.41）。

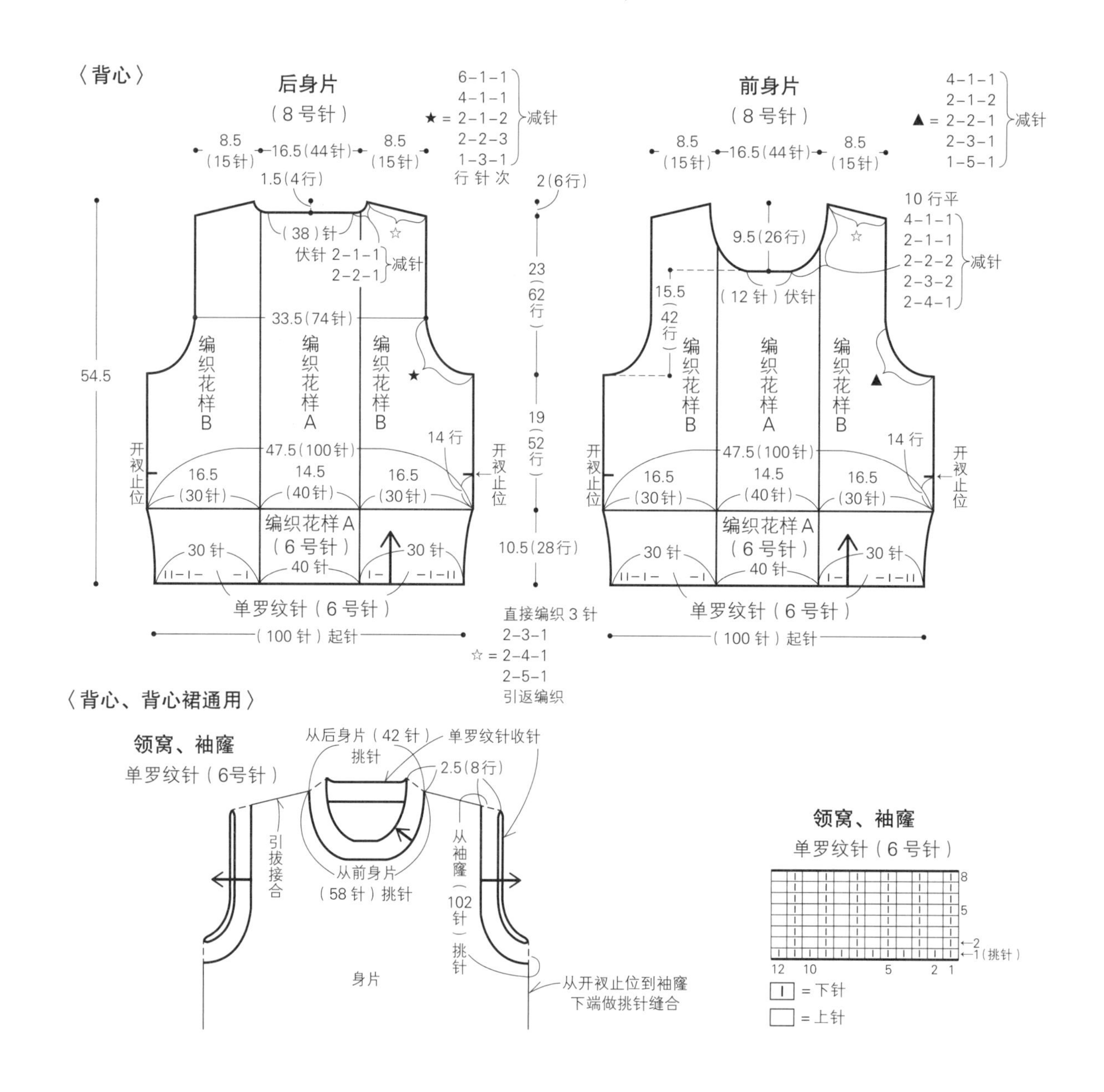

〈背心裙〉

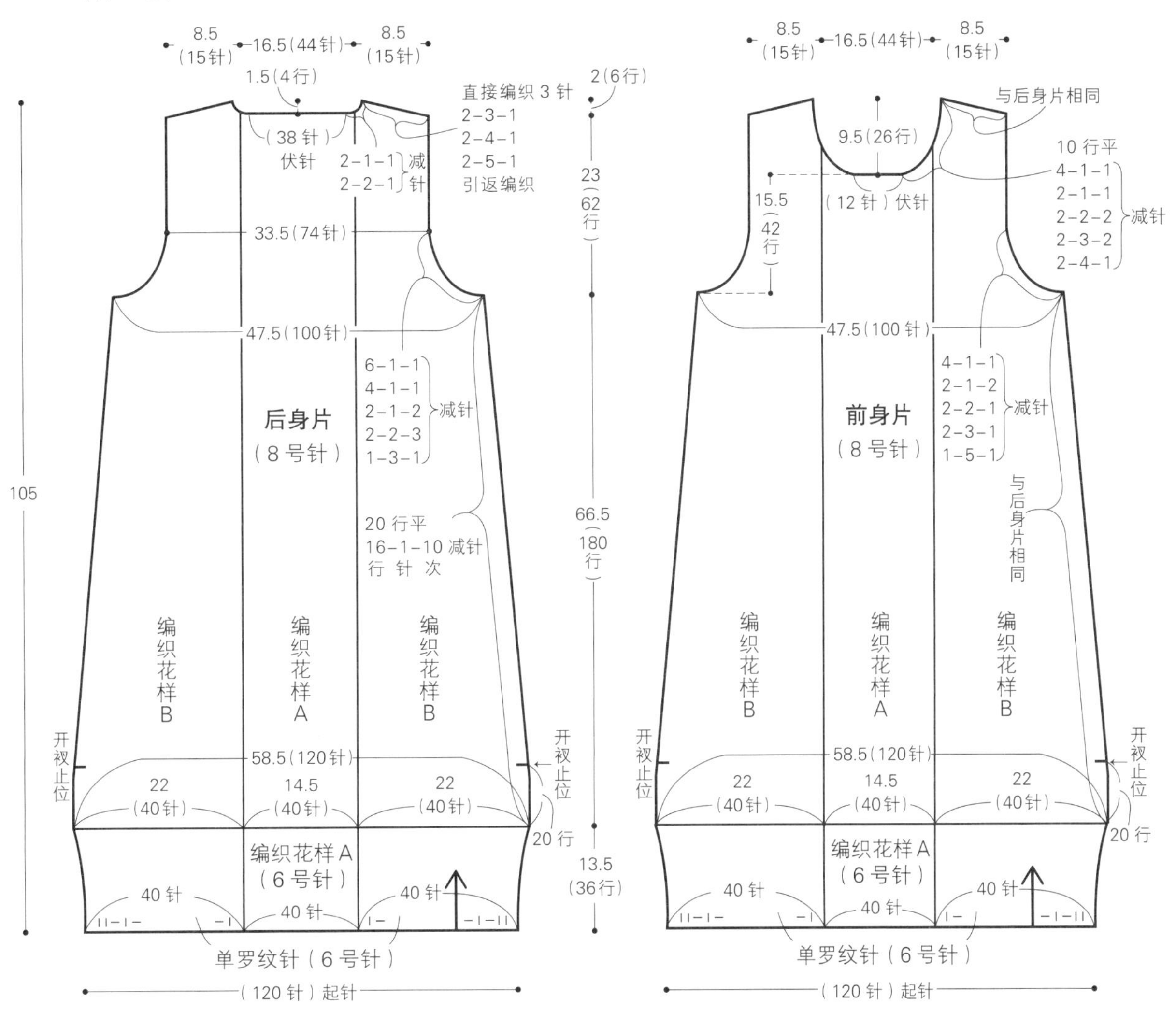

后身片肩部的引返编织与领窝

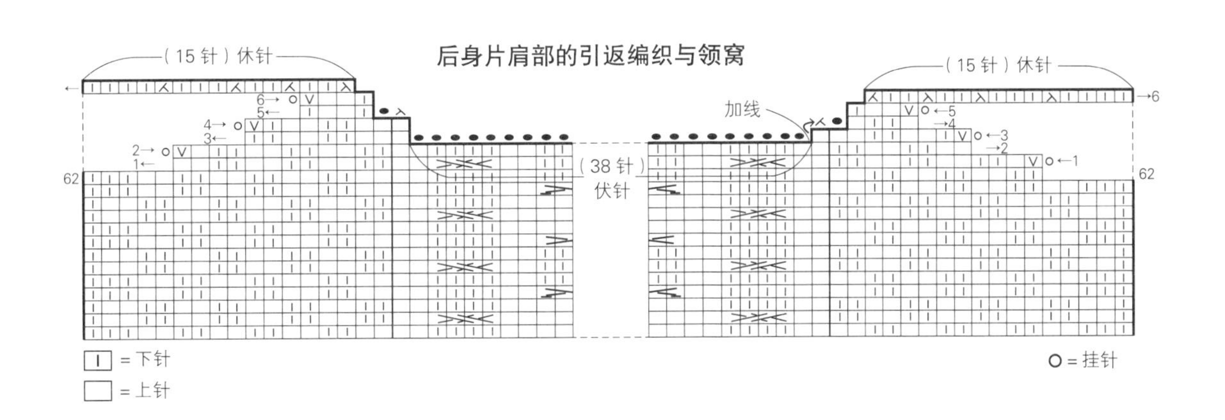

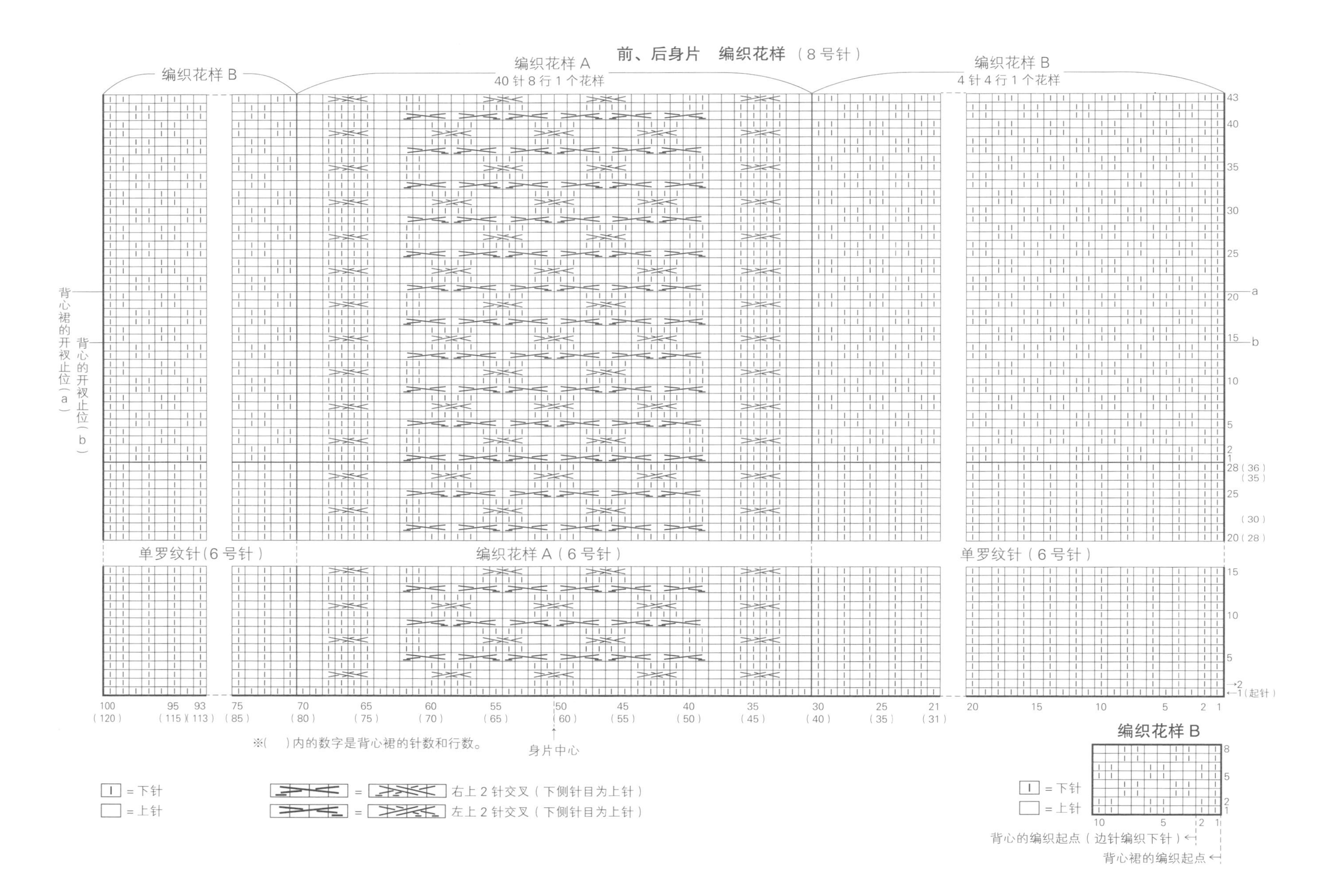
前、后身片　编织花样（8号针）
编织花样 B
编织花样 A
40针8行1个花样
编织花样 B
4针4行1个花样
背心裙的开衩止位（a）
背心的开衩止位（b）
单罗纹针（6号针）
编织花样 A（6号针）
单罗纹针（6号针）
1（起针）
身片中心
※（　）内的数字是背心裙的针数和行数。
= 下针
= 上针
= 右上2针交叉（下侧针目为上针）
= 左上2针交叉（下侧针目为上针）
编织花样 B
= 下针
= 上针
背心的编织起点（边针编织下针）
背心裙的编织起点

p.9　星空花样围巾

材料　［达摩手编线］Airy Wool Alpaca 藏青色（6）101g，原白色（1）70g

工具　4 号的 5 根短棒针（用魔术环技法编织时，参照 p.41 用 4 号 80cm 长的环形针）

密度　10cm×10cm 面积内：配色花样 28 针，26 行

尺寸　宽 13cm，长 141cm

编织方法　用 1 根线按指定配色编织。

另线锁针起针，从里山挑取 74 针，连接成环形（参照 p.38）。接着用原白色线编织 3 行下针编织，再按配色花样编织 361 行，最后用原白色线编织 3 行下针编织，结束时做伏针收针。解开起针时的另线锁针挑针后，用原白色线做伏针收针。

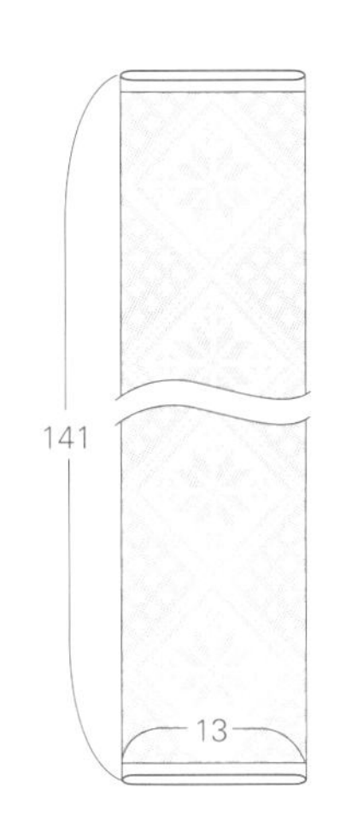

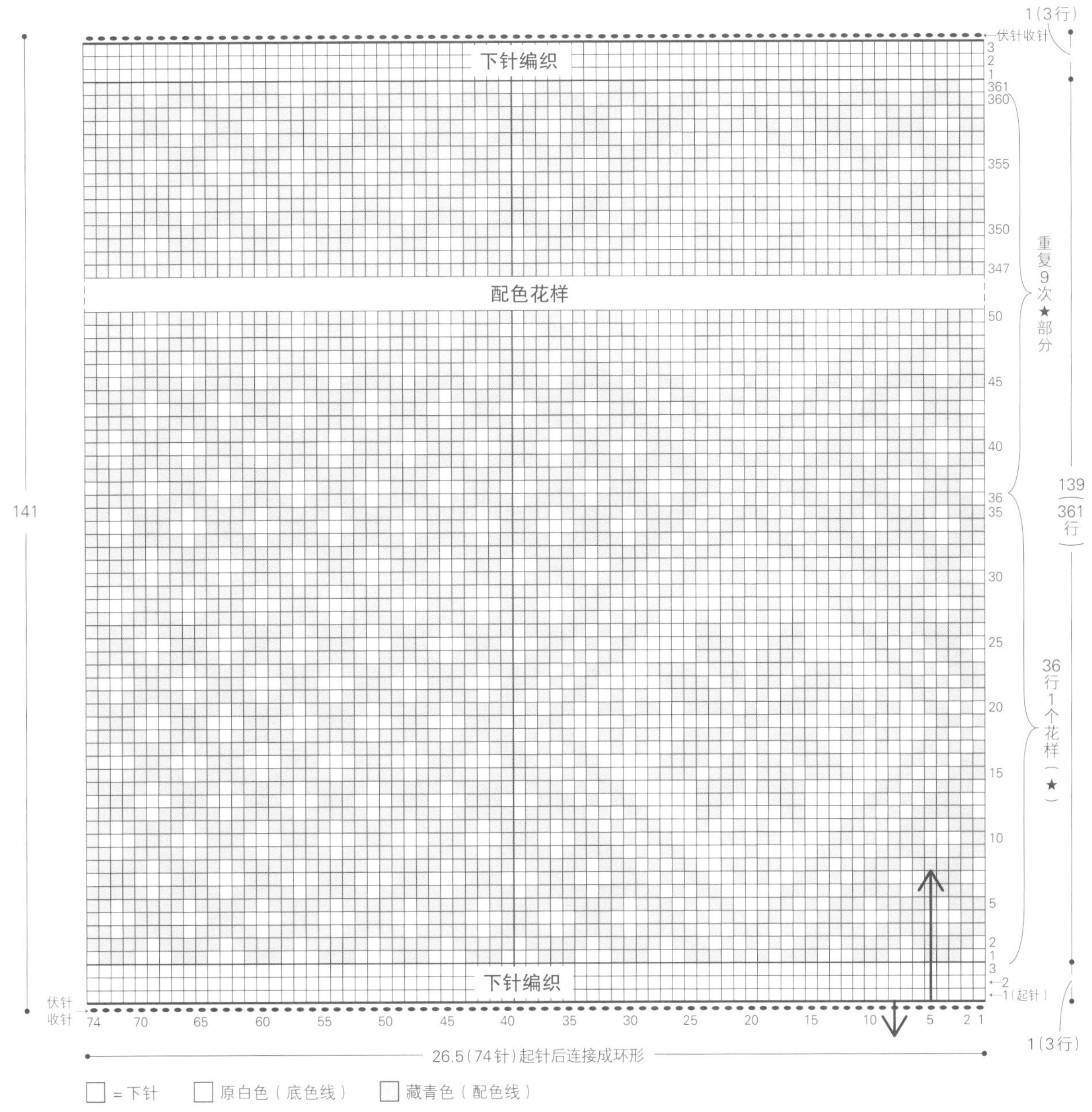

p.9　星空花样迷你挎包

材料　[达摩手编线] Airy Wool Alpaca 原白色(1)、藏青色(6)各10g

工具　5号的5根短棒针(用魔术环技法编织时，参照p.41用5号80cm长的环形针)

辅材　内袋用布　原白色棉布16cm×36cm
提手用皮革　1cm×120cm
直径1cm的子母扣1组
手缝线

密度　10cm×10cm面积内：配色花样26针，27行

尺寸　宽14cm，长15.5cm(不含提手)

编织方法

• 编织主体

用1根线按指定配色编织。

另线锁针起针，从里山挑取74针，连接成环形(参照p.38)。接着用原白色线编织3行下针编织，再按配色花样编织37行，最后用原白色线编织3行下针编织，结束时做伏针收针。

• 接合主体

将主体正面朝内，解开起针时的另线锁针挑取针目。将主体分成前后各37针后对折，下侧用原白色线做引拔接合。

• 缝制内袋，组合

缝制内袋，在包口内侧缝上子母扣。将内袋放入主体中，两者反面相对，在包口处缝合。在提手用皮革上打出小孔，缝在包口的两侧。

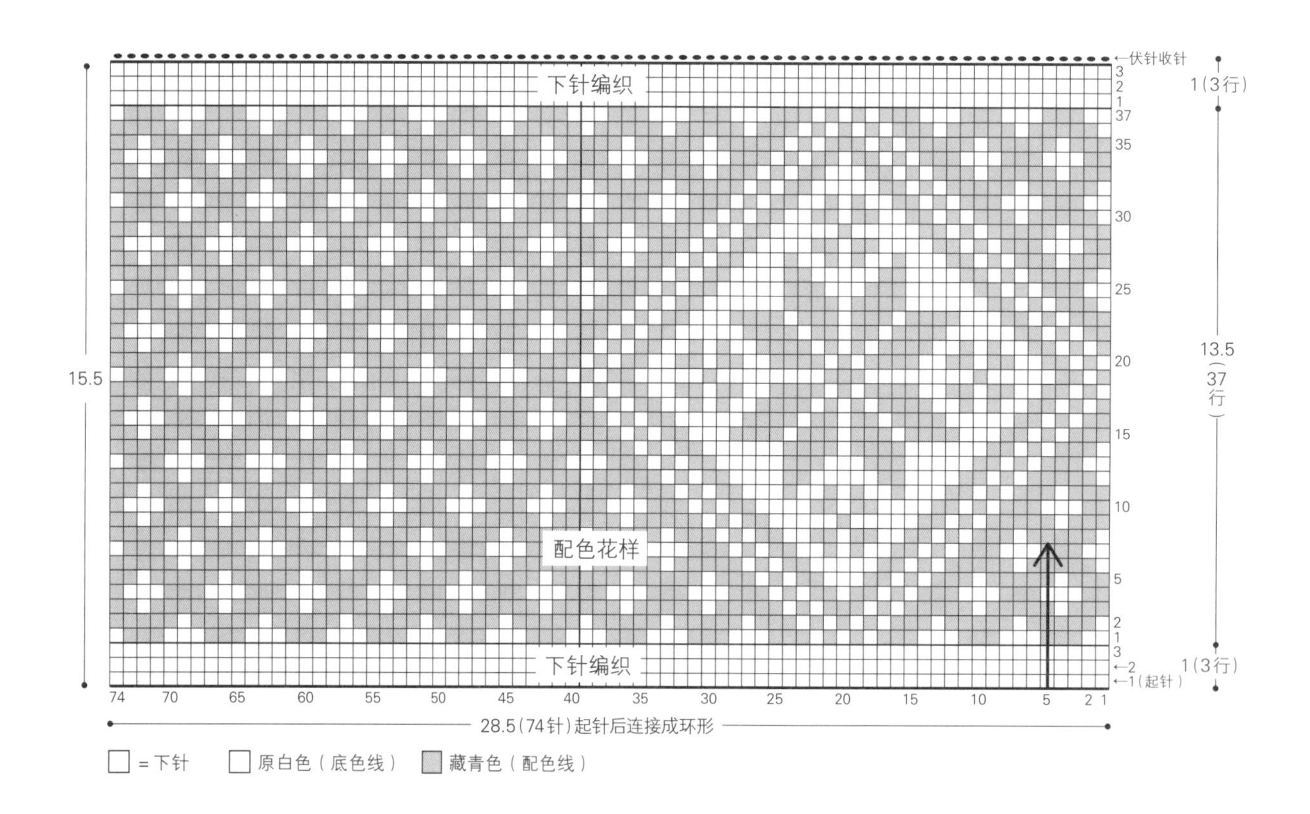

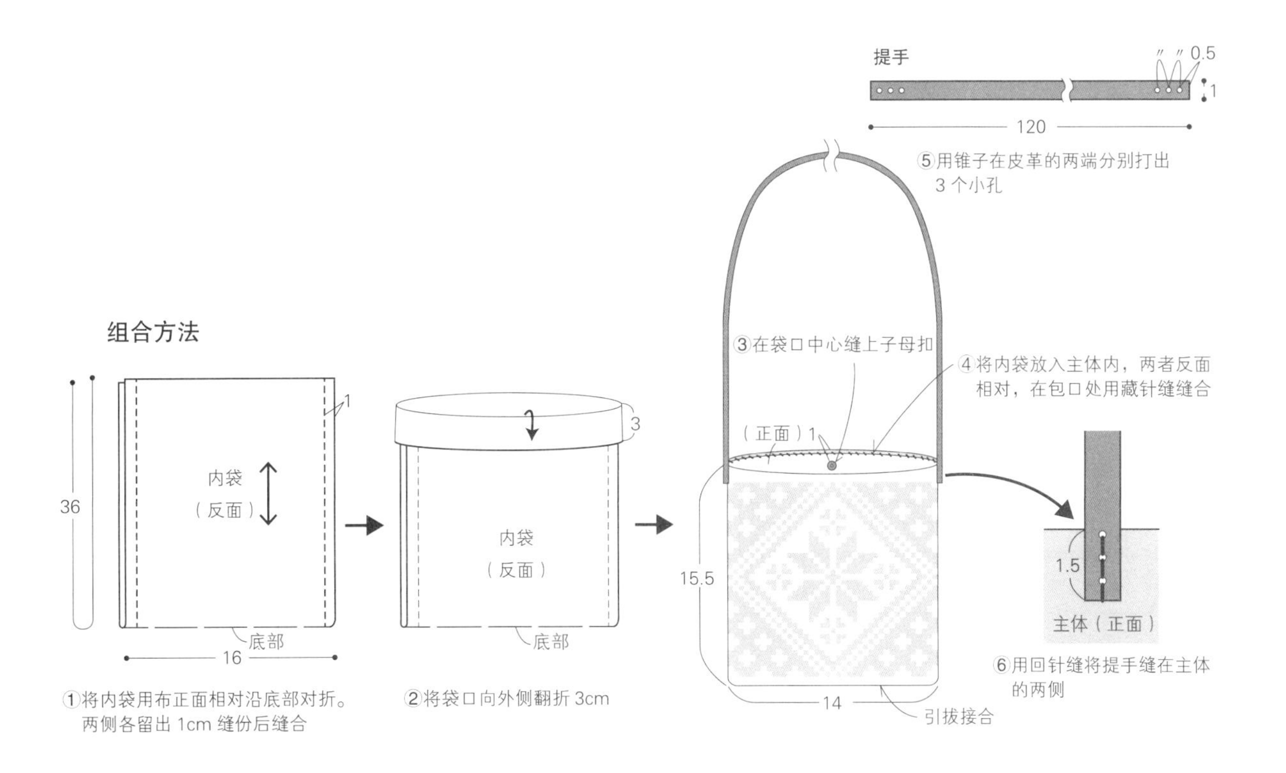

p.12 槲寄生图案毛衣

材料 ［达摩手编线］Shetland Wool 巧克力色（3）320g，燕麦色（2）33g，森绿色（12）13g，芥末黄色（6）8g

工具 5号、4号的2根棒针（用环形针做往返编织时，参照p.41用5号、4号60cm长的环形针），6号80cm、40cm长的环形针，4号40cm长的环形针

密度 10cm×10cm面积内：下针编织23.5针，31行；配色花样24针，27行

尺寸 胸围94cm，衣长57cm，连肩袖长69cm

编织方法 用1根线按指定配色和针号编织。

・编织后身片

另线锁针起针，用5号针从里山挑取110针。接着编织90行下针编织。腋下部分穿入另线休针，然后一边在插肩线减针一边编织26行下针编织，中途做育克线的减针，剩下的针目休针。加线在育克线做伏针收针后，分成左右两边对称编织，剩下的针目休针。解开起针时的另线锁针，用4号针挑取110针。在第2行平均减针至100针，编织24行单罗纹针。结束时做单罗纹针收针（往返编织的情况）。

・编织前身片

另线锁针起针，用5号针从里山挑取110针。接着编织86行下针编织。然后一边编织一边做育克线的减针，编织至90行后在腋下部分穿入另线休针。接着一边在插肩线减针一边编织18行，剩下的针目休针。加线在育克线做伏针收针后，分成左右两边对称编织，剩下的针目休针。解开起针时的另线锁针，用4号针挑取110针。在第2行平均减针至100针，编织24行单罗纹针。结束时做单罗纹针收针（往返编织的情况）。

・编织袖子

右袖另线锁针起针，用5号针从里山挑取60针。接着一边加针一边编织118行下针编织。腋下部分穿入另线休针。然后一边在插肩线减针一边编织18行下针编织，中途做育克线的减针，剩下的针目休针。加线在育克线做伏针收针后，按相同要领一边减针一边编织至26行，剩下的针目休针。解开起针时的另线锁针，用4号针挑取60针。编织20行单罗纹针，结束时做单罗纹针收针（往返编织的情况）。左袖对称编织。

・编织育克、领窝

按左袖、前身片、右袖、后身片的顺序，用6号针从育克线上挑针。一边做育克的减针，一边按配色花样环形编织38行。换成4号针，编织8行单罗纹针，结束时做单罗纹针收针（环形编织的情况）。

・组合

插肩线、胁部、袖下做挑针缝合，腋下做下针编织无缝缝合。用1根毛线（芥末黄色）在育克部分做十字绣。

编织要点 十字绣的交叉方向保持一致，作品会更加美观。

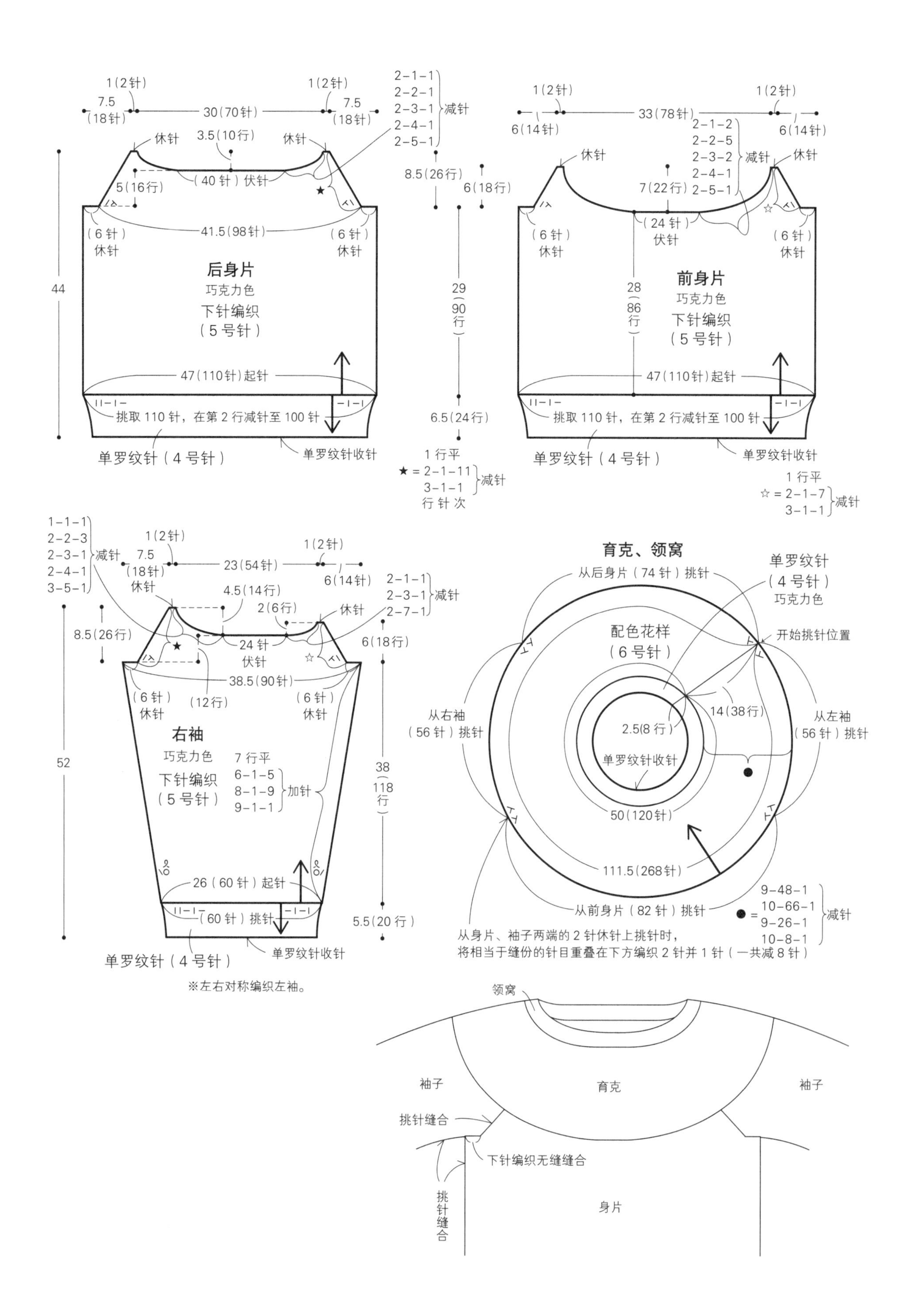
后身片
巧克力色
下针编织
（5号针）
1(2针)
7.5
(18针)
30(70针)
3.5(10行)
休针
(40针)伏针
5(16行)
41.5(98针)
(6针)
休针
44
47(110针)起针
挑取110针，在第2行减针至100针
单罗纹针（4号针）
单罗纹针收针
2-1-1
2-2-1
2-3-1
2-4-1
2-5-1
减针
8.5(26行)
6(18行)
29(90行)
6.5(24行)
1行平
★=2-1-11
3-1-1
行 针 次
前身片
巧克力色
下针编织
（5号针）
33(78针)
6(14针)
2-1-2
2-2-5
2-3-2
2-4-1
2-5-1
7(22行)
(24针)
伏针
28(86行)
47(110针)起针
1行平
☆=2-1-7
3-1-1
1-1-1
2-2-3
2-3-1
2-4-1
3-5-1
23(54针)
4.5(14行)
2(6行)
24针
伏针
2-1-1
2-3-1
2-7-1
38.5(90针)
(12行)
右袖
巧克力色
下针编织
（5号针）
7行平
6-1-5
8-1-9
9-1-1
加针
52
38(118行)
26(60针)起针
(60针)挑针
5.5(20行)
单罗纹针（4号针）
※左右对称编织左袖。
育克、领窝
从后身片（74针）挑针
单罗纹针
（4号针）
巧克力色
配色花样
（6号针）
开始挑针位置
14(38行)
2.5(8行)
从右袖
（56针）挑针
从左袖
（56针）挑针
单罗纹针收针
50(120针)
111.5(268针)
从前身片（82针）挑针
9-48-1
10-66-1
9-26-1
10-8-1
从身片、袖子两端的2针休针上挑针时，
将相当于缝份的针目重叠在下方编织2针并1针（一共减8针）
领窝
袖子
育克
挑针缝合
下针编织无缝缝合
身片

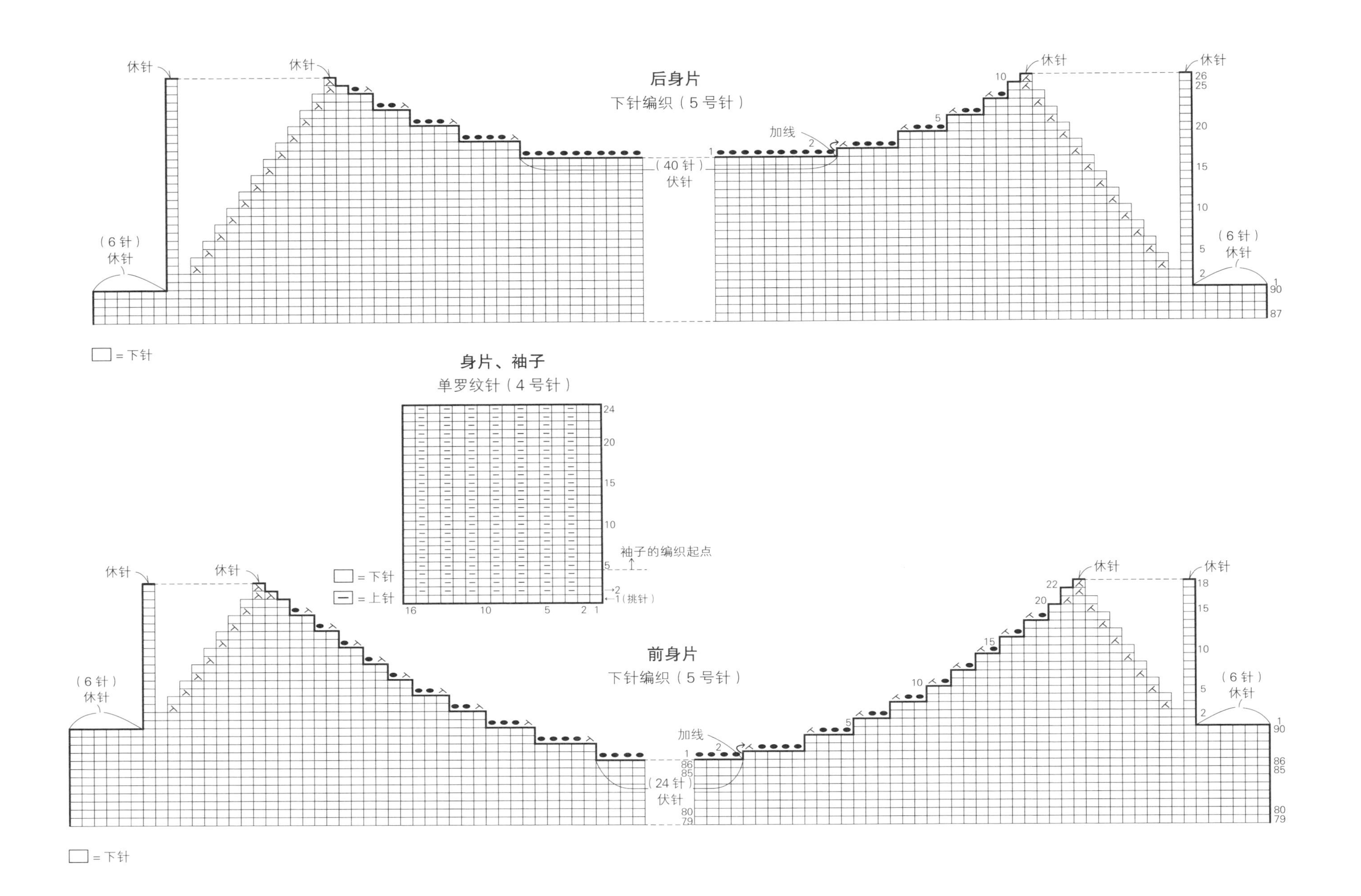

后身片
下针编织（5号针）
休针
休针
（6针）
休针
加线
（40针）
伏针
（6针）
休针
□ = 下针
身片、袖子
单罗纹针（4号针）
袖子的编织起点
1（挑针）
□ = 下针
一 = 上针
前身片
下针编织（5号针）
休针
休针
（6针）
休针
加线
（24针）
伏针
（6针）
休针
□ = 下针

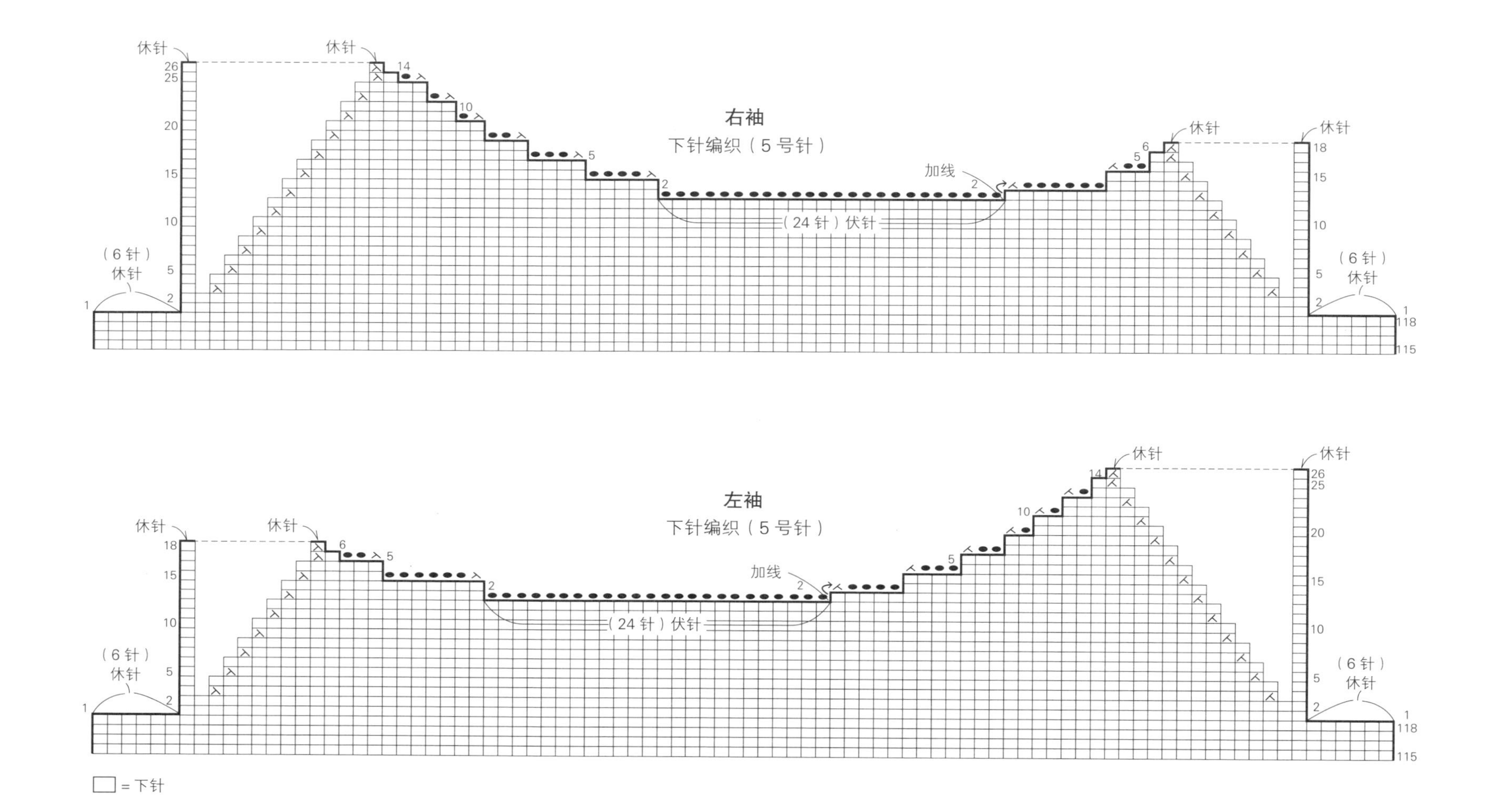
右袖
下针编织（5号针）
休针
(6针)
休针
加线
(24针)伏针
左袖
下针编织（5号针）
□ = 下针

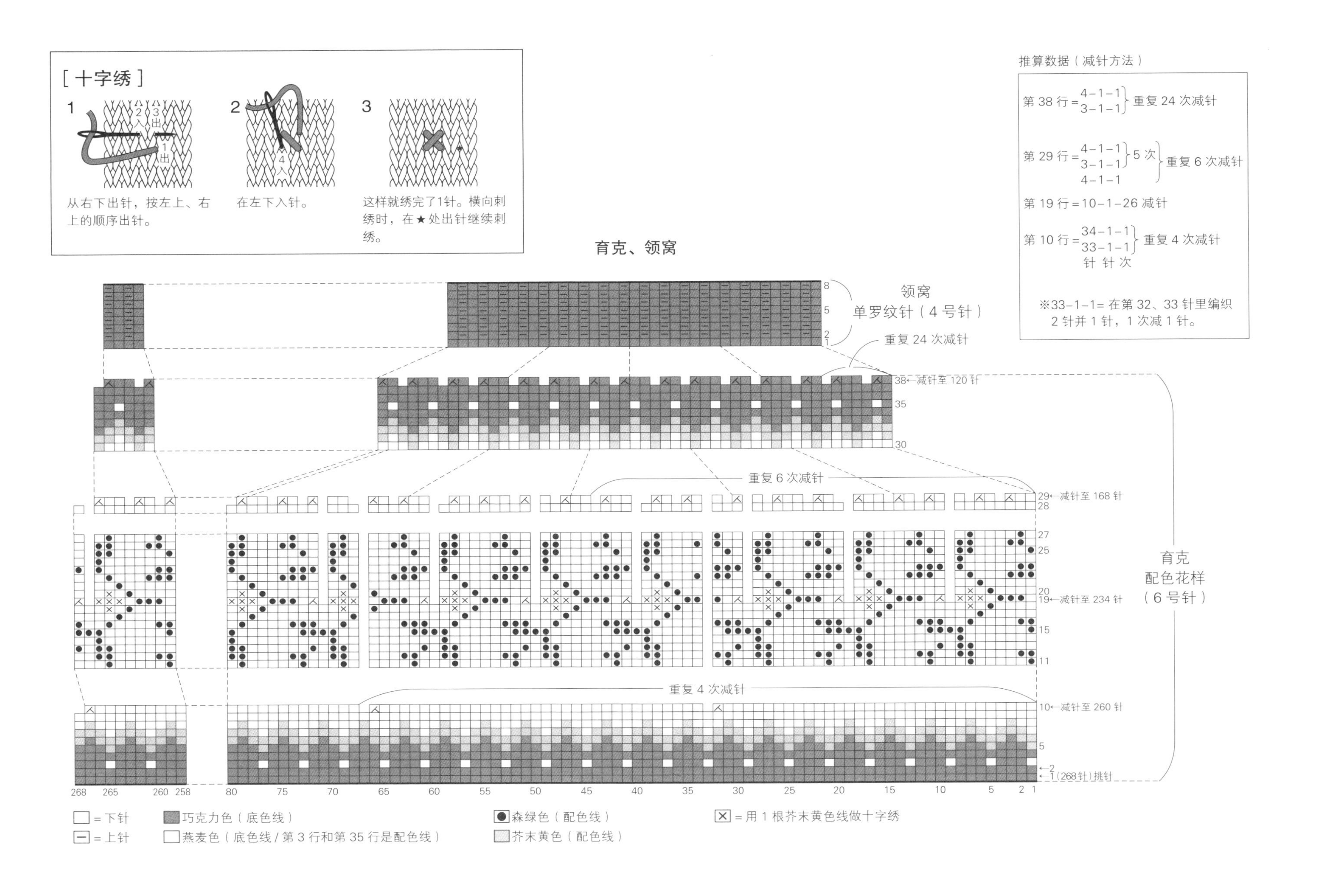
[十字绣]
1
2
入
3
出
1
出
从右下出针，按左上、右上的顺序出针。
2
4
入
在左下入针。
3
这样就绣完了1针。横向刺绣时，在★处出针继续刺绣。
推算数据（减针方法）
第 38 行 = 4-1-1 / 3-1-1 重复 24 次减针
第 29 行 = 4-1-1 / 3-1-1 5 次 / 4-1-1 重复 6 次减针
第 19 行 = 10-1-26 减针
第 10 行 = 34-1-1 / 33-1-1 重复 4 次减针
针 针 次
※33-1-1= 在第 32、33 针里编织 2 针并 1 针，1 次减 1 针。
育克、领窝
领窝
单罗纹针（4 号针）
重复 24 次减针
38←减针至 120 针
重复 6 次减针
29←减针至 168 针
19←减针至 234 针
重复 4 次减针
10←减针至 260 针
←1（268针）挑针
育克
配色花样
（6 号针）
□ = 下针
⊟ = 上针
巧克力色（底色线）
燕麦色（底色线 / 第 3 行和第 35 行是配色线）
● 森绿色（配色线）
芥末黄色（配色线）
⊠ = 用 1 根芥末黄色线做十字绣

p.14 哥特兰岛提花背心

材料 [Jamieson's Spinning (Shetland)] Spindrift 浅灰色 (103/Sholmit) 158g，深藏青色 (730/Dark Navy) 81g

工具 3 号 80cm、60cm、40cm 长的环形针，2 号 60cm、40cm 长的环形针（用魔术环技法编织时，参照 p.41 用 3 号、2 号 80cm 长的环形针）

密度 10cm × 10cm 面积内：配色花样 31 针，32 行

尺寸 胸围 93cm，衣长 58.5cm，肩宽 36.5cm

编织方法 用 1 根线按指定配色和针号编织。

• 编织前、后身片

另线锁针起针，用 3 号针从里山挑取 288 针，连接成环形（参照 p.38）。按配色花样编织 86 行。接着一边编织袖窿和领窝的额外加针部分（参照 p.38），一边继续编织 74 行。将前、后身片正面相对，接合肩部以及额外加针部分，然后剪开额外加针部分（参照 p.38、39）。

• 组合

用 2 号针从袖窿、领窝挑针（参照 p.39），环形编织 10 行双罗纹针，结束时做双罗纹针收针（环形编织的情况）。处理额外加针部分（参照 p.39）。解开身片起针时的另线锁针，环形挑取针目。编织 22 行双罗纹针，结束时做双罗纹针收针（环形编织的情况）。

编织要点 因为起针数与下摆的挑针数相同，也可以从下摆（双罗纹针）开始编织。这种情况下不妨采用手指挂线起针。另外，双罗纹针收针也可以改成伏针收针（即下针织下针、上针织上针的伏针收针）。不过，要确保头部可以套入领窝。

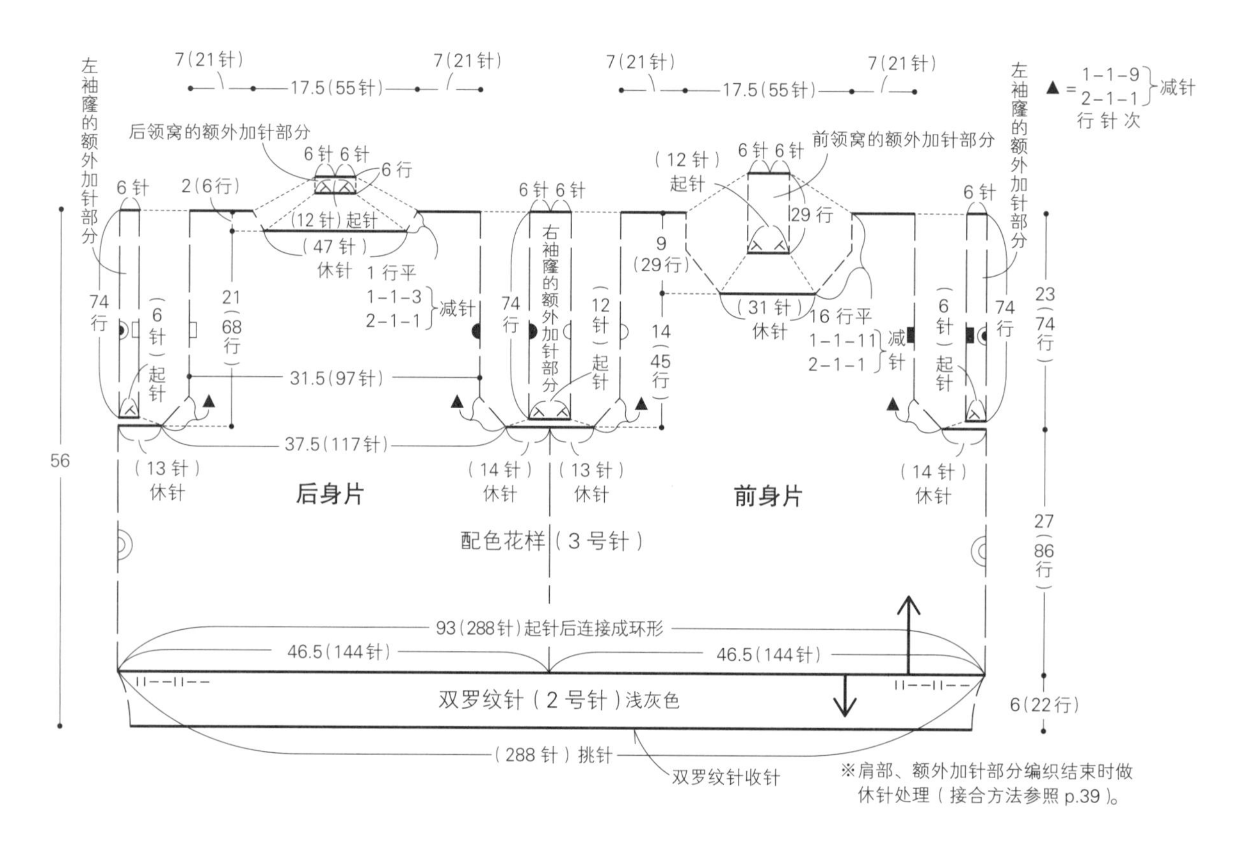

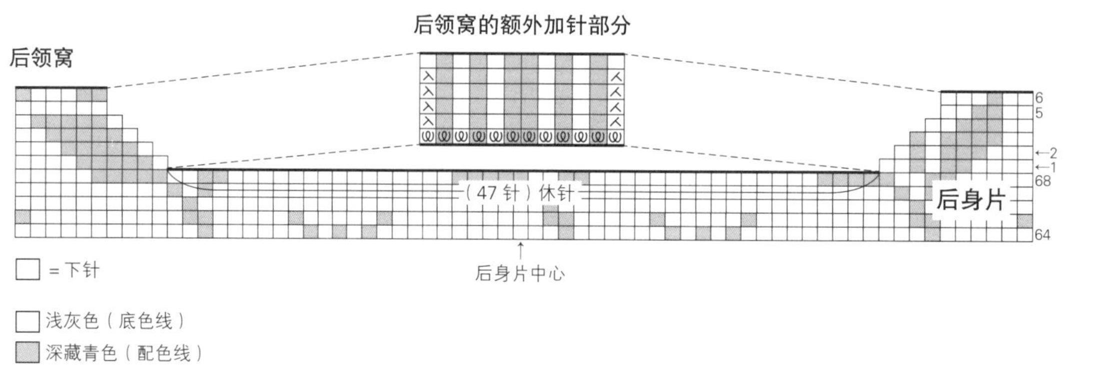

配色花样（3号针）

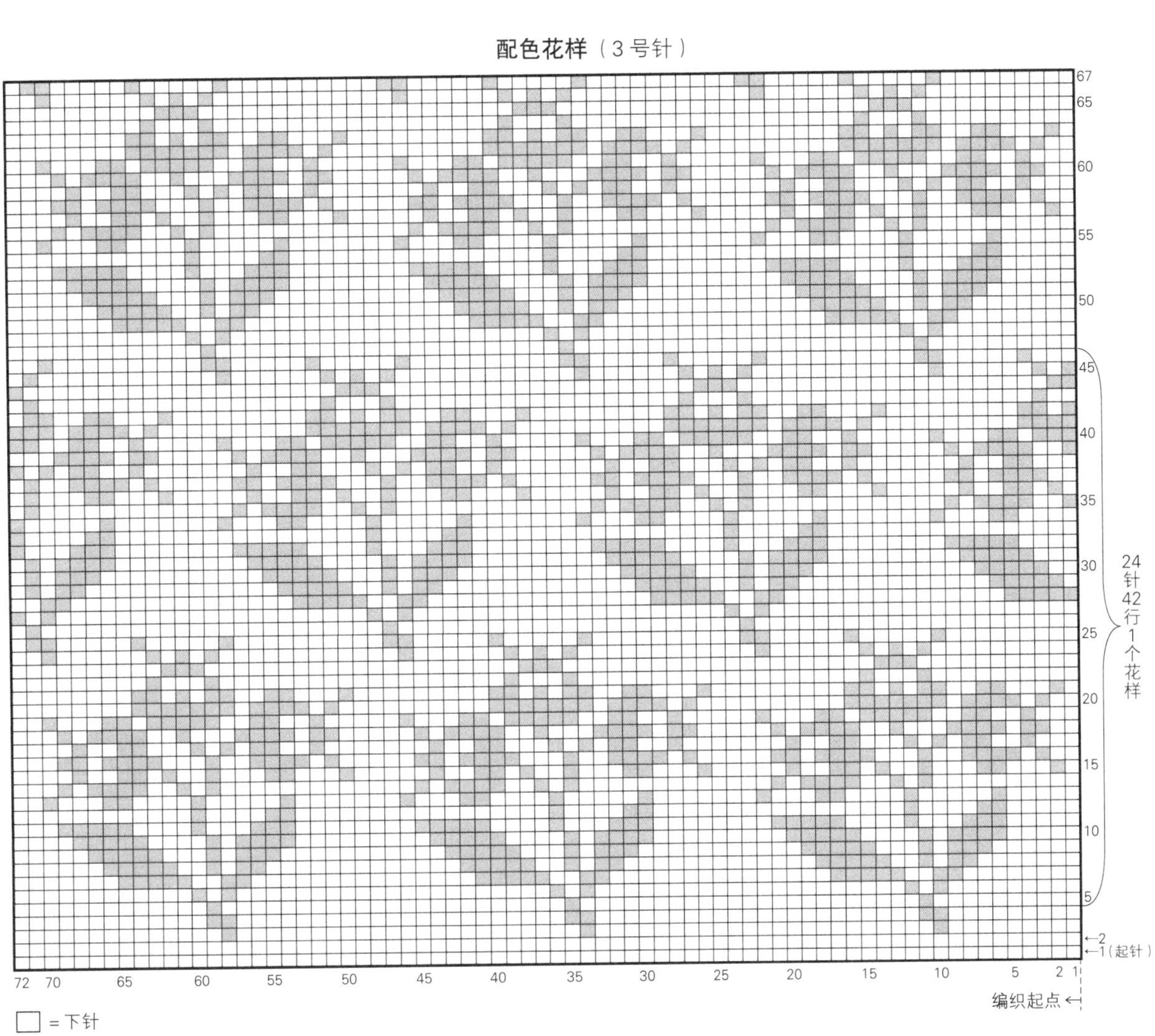

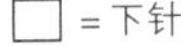 = 下针

□ 浅灰色（底色线）
■ 深藏青色（配色线）

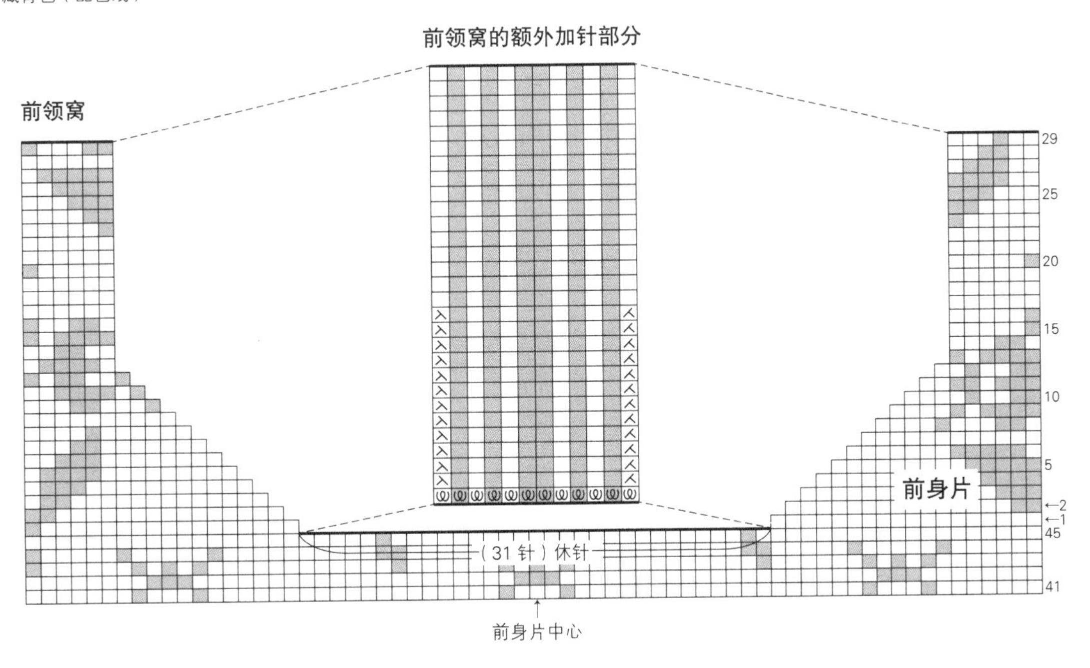

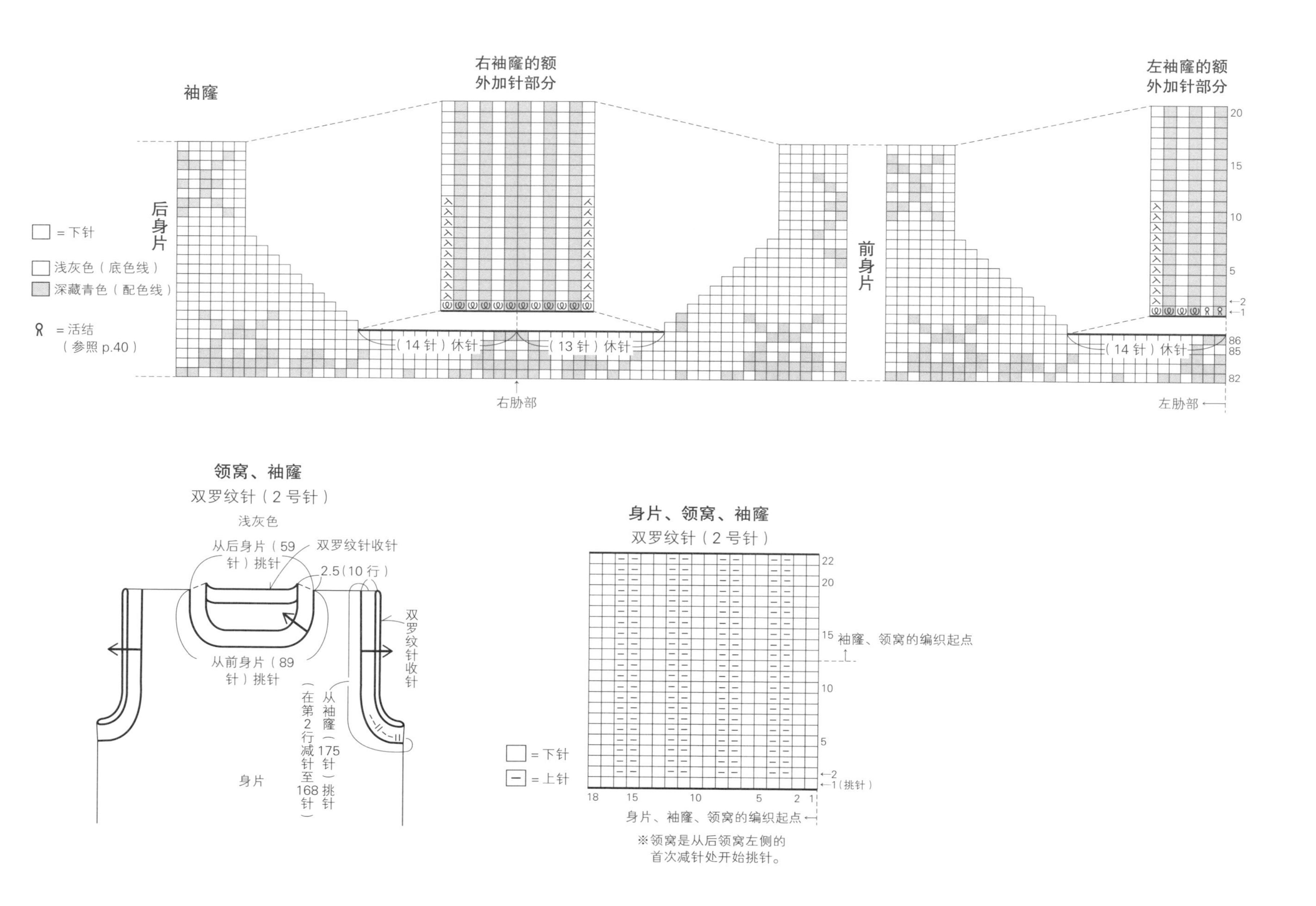

袖窿
右袖窿的额
外加针部分
左袖窿的额
外加针部分
后身片
前身片
□ = 下针
□ 浅灰色（底色线）
■ 深藏青色（配色线）
ᴽ = 活结
（参照 p.40）
（14 针）休针
（13 针）休针
（14 针）休针
右肋部
左肋部
20
15
10
5
2
1
86
85
82
领窝、袖窿
双罗纹针（2 号针）
浅灰色
从后身片（59 针）挑针
双罗纹针收针
2.5（10 行）
从前身片（89 针）挑针
双罗纹针收针
从袖窿（175 针）挑针
（在第2行减针至168针）
身片
身片、领窝、袖窿
双罗纹针（2 号针）
袖窿、领窝的编织起点
1（挑针）
18
22
□ = 下针
— = 上针
身片、袖窿、领窝的编织起点
※领窝是从后领窝左侧的
首次减针处开始挑针。

p.17 竹篮风阿兰花样毛衣

材料 ［达摩手编线］Cheviot Wool 原白色（1）600g

工具 8号、7号的2根棒针（用环形针做往返编织时，参照p.41用8号、7号80cm长的环形针），7号40cm长的环形针

密度 编织花样A 32针13cm，26行10cm；
编织花样A' 14针6cm，26行10cm；
编织花样B 10cm×10cm面积内：23针，26行；
编织花样C 16针9cm，26行10cm

尺寸 胸围102cm，衣长59cm，肩宽43cm，袖长50.5cm（连肩袖长72cm）

编织方法 用1根线和指定针号编织。

・编织前、后身片

用7号针手指挂线起100针，接着编织18行单罗纹针。换成8号针，在第1行加针至110针。按编织花样A、B、C编织68行。腋下部分穿入另线休针，然后按编织花样A、B、C编织52行（袖窿第1行的符号说明（ ）请参照p.40）。肩部做引返编织后休针。领窝做伏针收针后一边编织一边减针。

・编织袖子

用7号针手指挂线起60针，接着编织14行单罗纹针。换成8号针，在第1行加针至62针。一边在袖下加针，一边按编织花样A'、B、C编织116行。

・组合

肩部做引拔接合。从领窝挑针，用7号针环形编织8行单罗纹针，结束时做单罗纹针收针（环形编织的情况）。身片与袖子、腋下做针与行的接合。胁部、袖下做挑针缝合。

编织要点 这款毛衣的连肩袖长偏长。如果想要改短，编织单罗纹针后，可以在袖子的第1行从60针加针至66针，在第2行直接编织符号图中的第18行（跳过第2~17行）。从第19行开始按符号图继续编织。用这种方法编织可以将连肩袖长改短6cm左右。

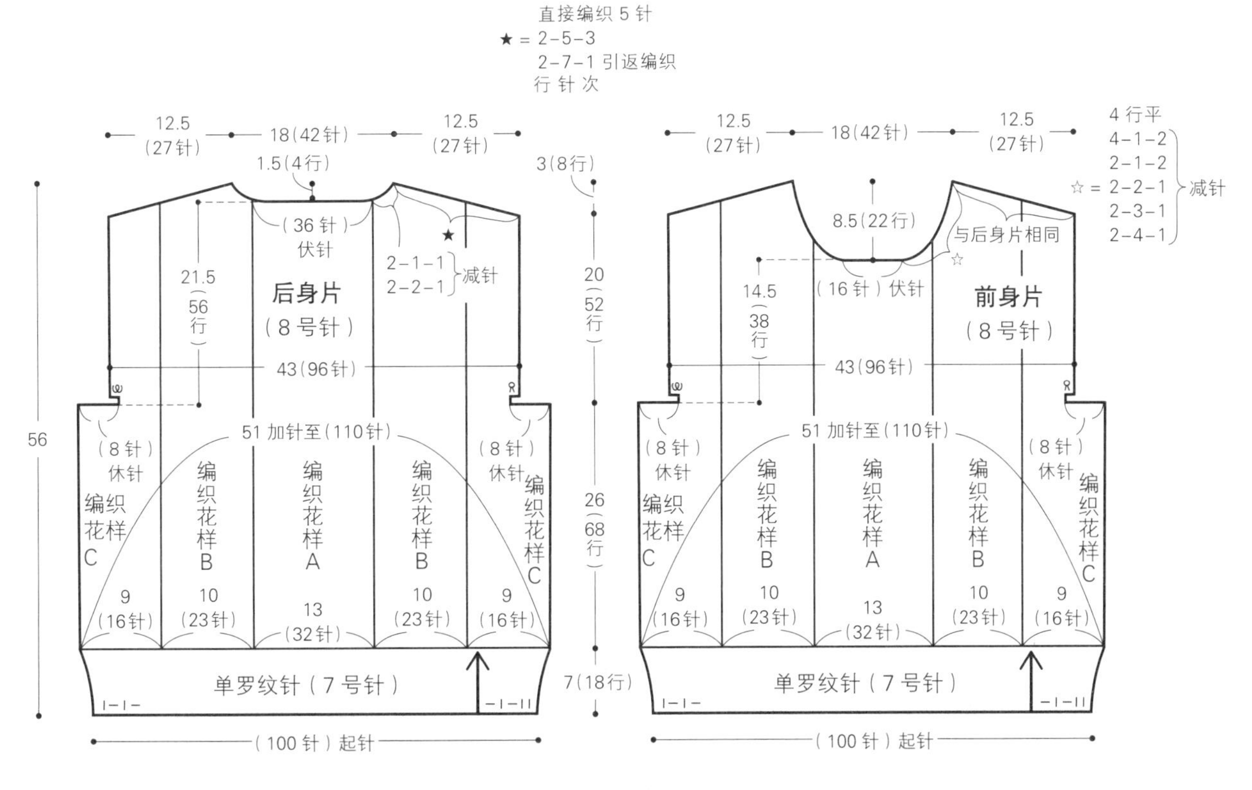

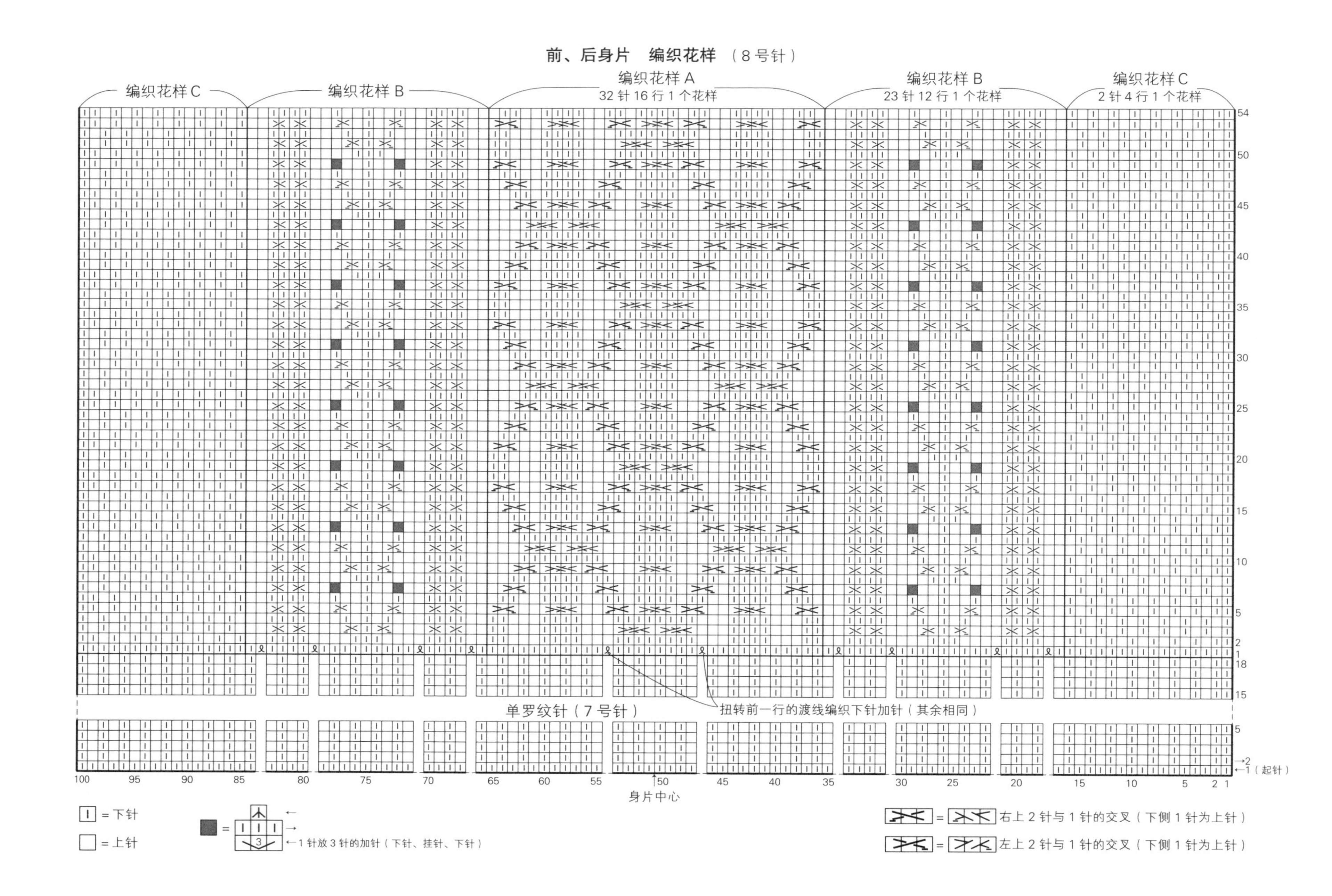

前、后身片 编织花样 （8号针）
编织花样C
编织花样B
编织花样A
32针16行1个花样
编织花样B
23针12行1个花样
编织花样C
2针4行1个花样
单罗纹针（7号针）
扭转前一行的渡线编织下针加针（其余相同）
1（起针）
身片中心
= 下针
= 上针
1针放3针的加针（下针、挂针、下针）
右上2针与1针的交叉（下侧1针为上针）
左上2针与1针的交叉（下侧1针为上针）

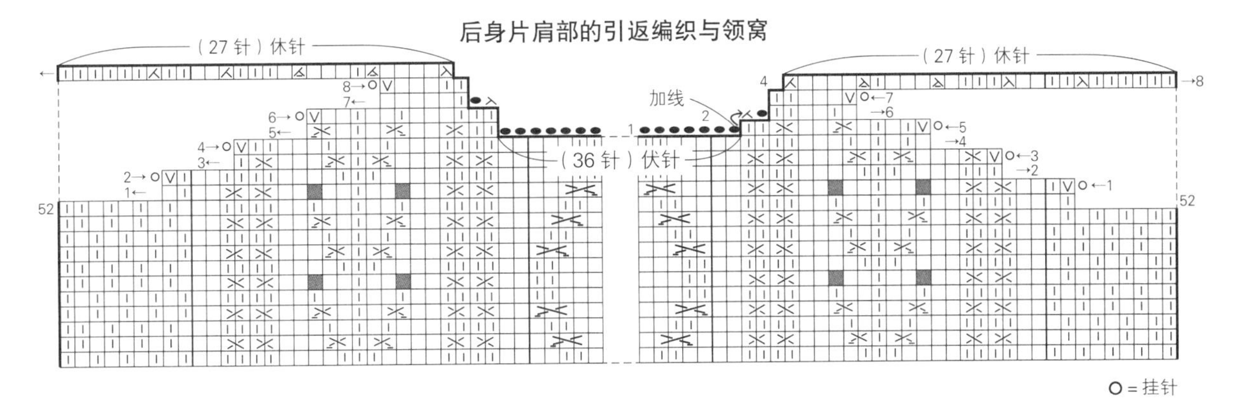
后身片肩部的引返编织与领窝
（27针）休针
（27针）休针
加线
（36针）伏针
52
○=挂针

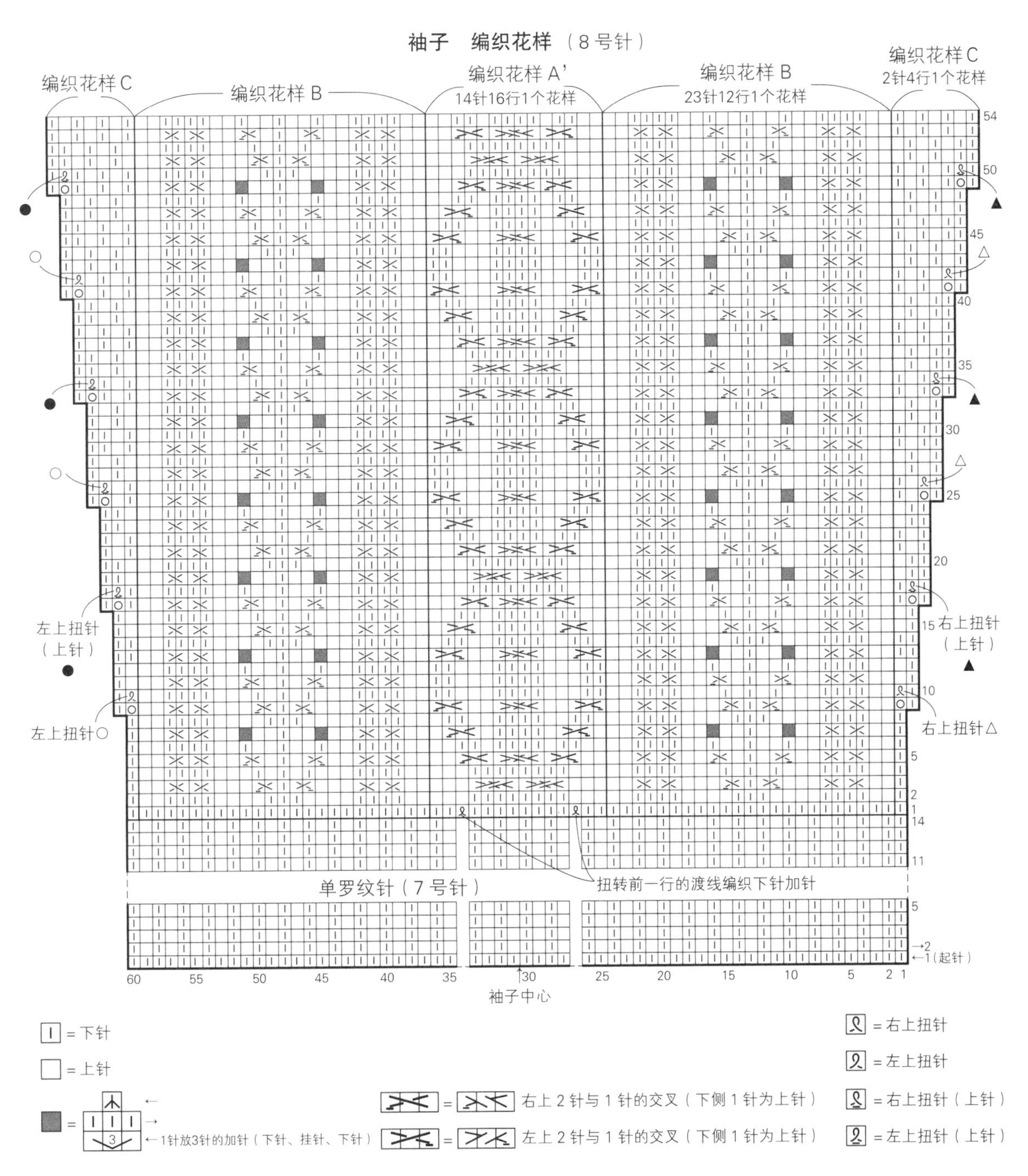
袖子　编织花样（8号针）
编织花样C
编织花样B
编织花样A'
14针16行1个花样
编织花样B
23针12行1个花样
编织花样C
2针4行1个花样
左上扭针（上针）
左上扭针○
右上扭针（上针）
右上扭针△
单罗纹针（7号针）
扭转前一行的渡线编织下针加针
1（起针）
袖子中心
＝下针
＝上针
1针放3针的加针（下针、挂针、下针）
右上2针与1针的交叉（下侧1针为上针）
左上2针与1针的交叉（下侧1针为上针）
＝右上扭针
＝左上扭针
＝右上扭针（上针）
＝左上扭针（上针）

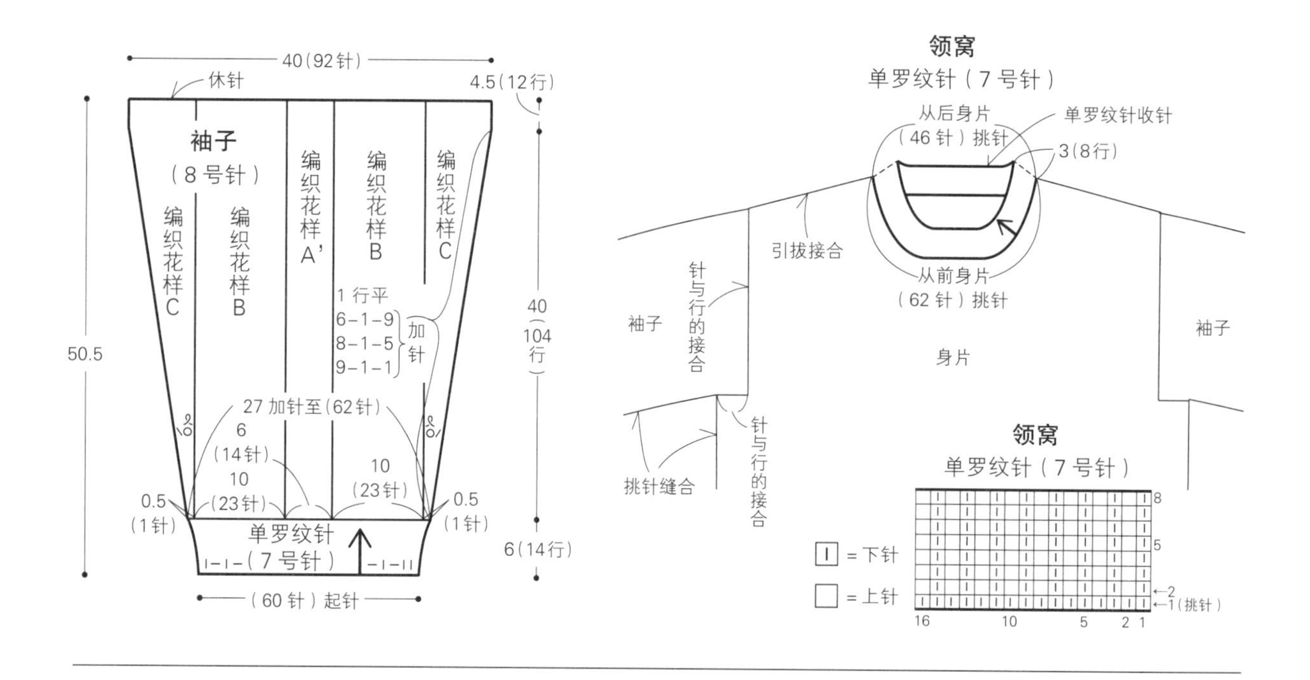

p.19 带手套的长围巾

材料 ［Östergötlands 羊毛纺织］Visjö 玫瑰红色（10）96g

工具 6号的5根短棒针（用魔术环技法编织时，参照 p.41 用 6号 80cm 长的环形针）

密度 10cm×10cm 面积内：下针编织 22.5 针，30 行

尺寸 宽 8cm，长 138cm

编织方法 用1根线编织。

• 编织主体

另线锁针起针，从里山挑取 36 针，连接成环形（参照 p.38）。接着编织 330 行下针编织。

• 编织连指手套 A

从主体接着做下针编织。一边在拇指的三角裆加针一边编织 13 行。在拇指孔部分穿入另线休针。在下一行做卷针加针，继续编织 17 行。指尖一边减针一边编织 12 行，在最后一行的 6 针里穿 2 次线后收紧。

• 编织拇指 A

从连指手套 A 的休针以及卷针上挑取 12 针后开始环形编织。接着做 12 行下针编织，在第 13 行减针。在最后一行的 6 针里穿 2 次线后收紧。将连指手套 A、拇指 A 做好线头处理。

• 编织连指手套 B

解开主体起针时的另线锁针，挑取 36 针。加线，按与连指手套 A 的相同方法编织。编织几行后，先处理好主体以及连指手套 B 编织起点的线头（因为编织完成后就看不到织物的反面，那时很难处理线头）。

• 编织拇指 B

与拇指 A 的编织方法相同。将线头（也包括连指手套 B 编织终点的线头）穿入织物的内侧（反面），藏好线头。

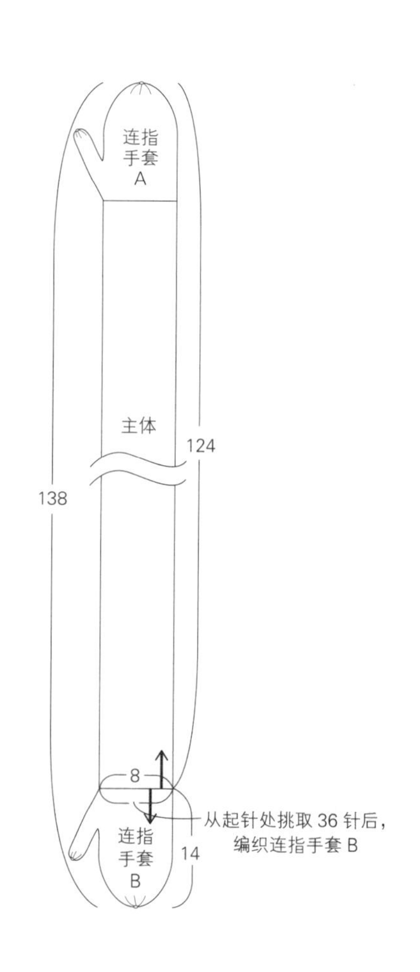

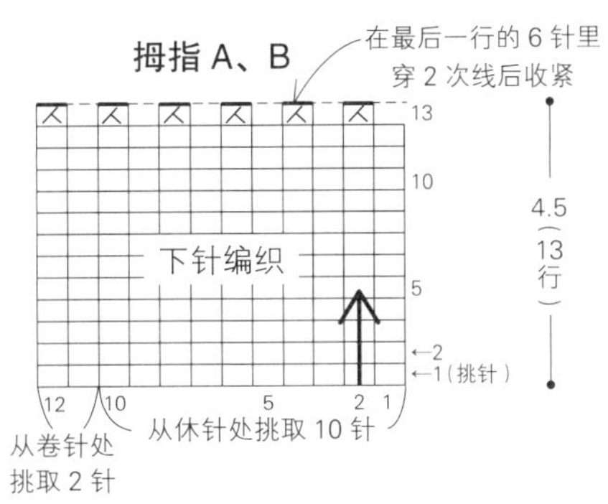
拇指 A、B
在最后一行的 6 针里
穿 2 次线后收紧
13
10
5
←2
←1（挑针）
4.5
（13
行）
下针编织
12
10
5
2
1
从休针处挑取 10 针
从卷针处
挑取 2 针
从拇指的三角衬和卷针
处挑取 12 针后连接成环形

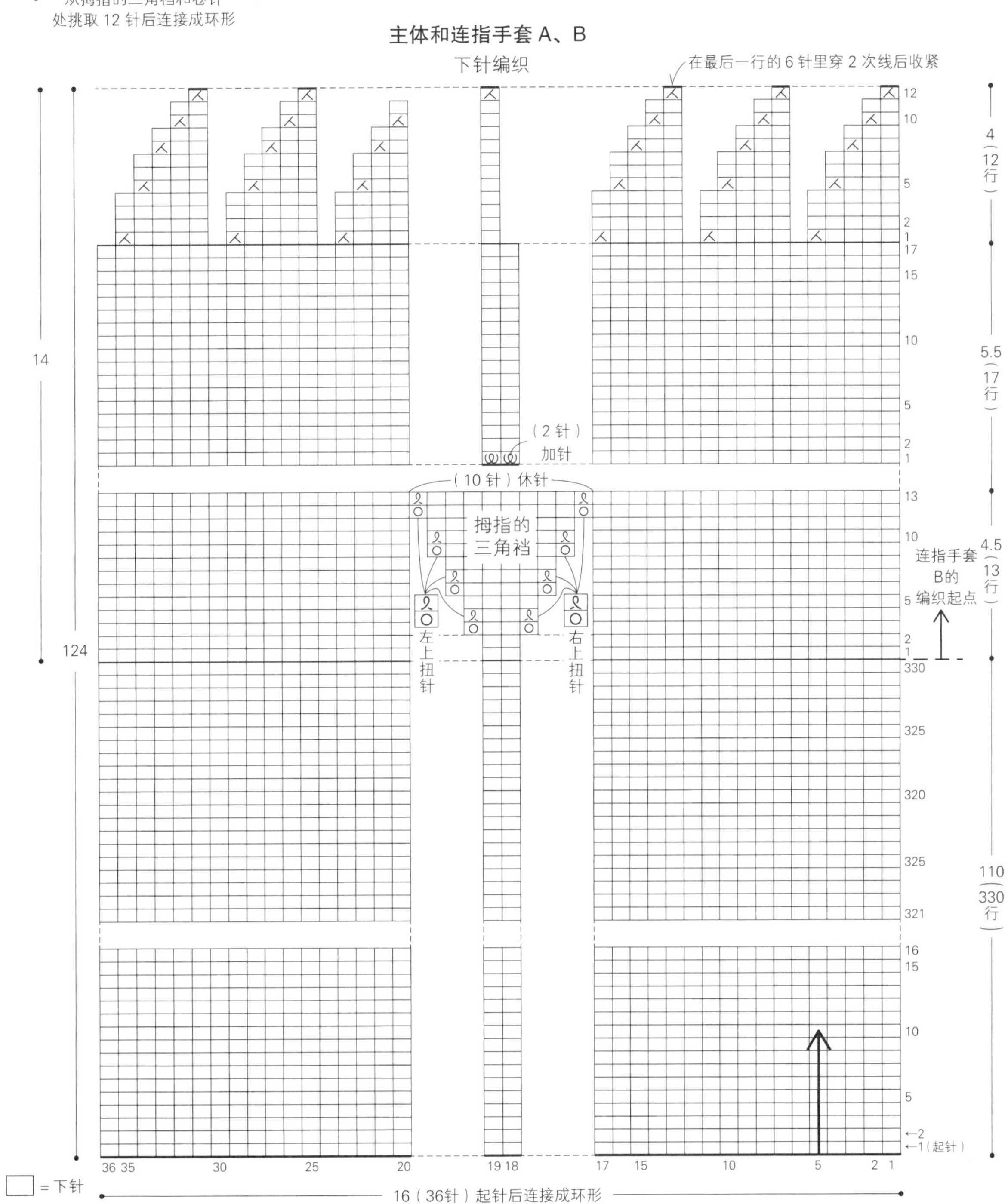
主体和连指手套 A、B
下针编织
在最后一行的 6 针里穿 2 次线后收紧
14
124
4
（12
行）
5.5
（17
行）
4.5
（13
行）
110
（330
行）
（2 针）
加针
（10 针）休针
拇指的
三角衬
左上扭针
右上扭针
连指手套
B的
编织起点
←1（起针）
36 35
30
25
20
19 18
17
15
10
5
2 1
= 下针
16（36针）起针后连接成环形

p.18　竹篮风阿兰花样帽子

材料　［达摩手编线］Cheviot Wool 原白色（1）65g

工具　8 号 40cm 长的环形针、4 根短棒针（用魔术环技法编织时，参照 p.41 用 8 号 80cm 长的环形针），7 号 40cm 长的环形针

密度　编织花样 A　18 针 7cm，26 行 10cm；
编织花样 B　11 针 5cm，26 行 10cm；
编织花样 C　4 针 2cm，26 行 10cm

尺寸　帽围 48cm，帽深 19.5cm

编织方法　用 1 根线和指定针号编织。

用 7 号针手指挂线起 102 针，连接成环形（参照 p.38）。接着编织 8 行单罗纹针。换成 8 号针，在第 1 行加针至 111 针，按编织花样 A、B、C 编织 32 行。接着一边减针一边编织 11 行。在最后一行的 21 针里穿 2 次线后收紧。

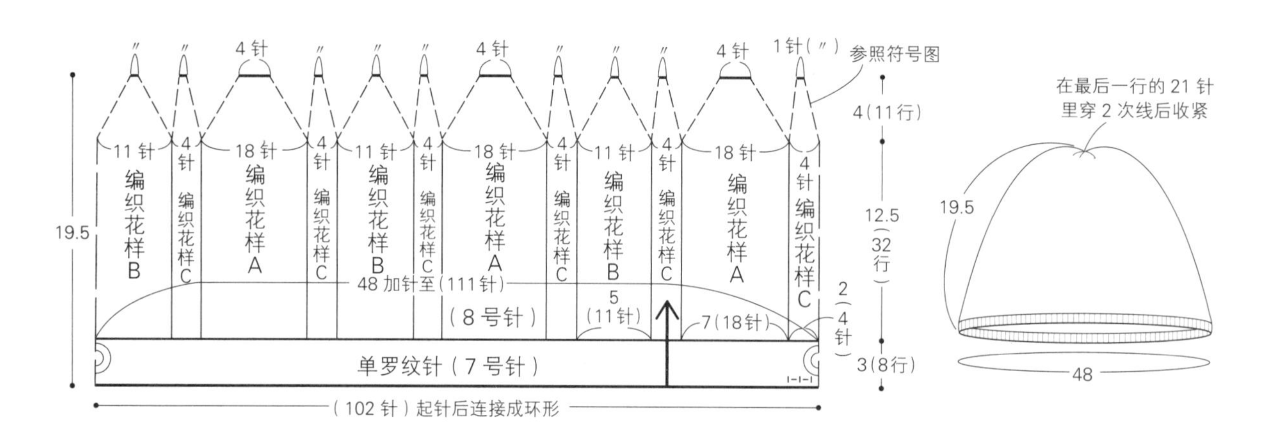

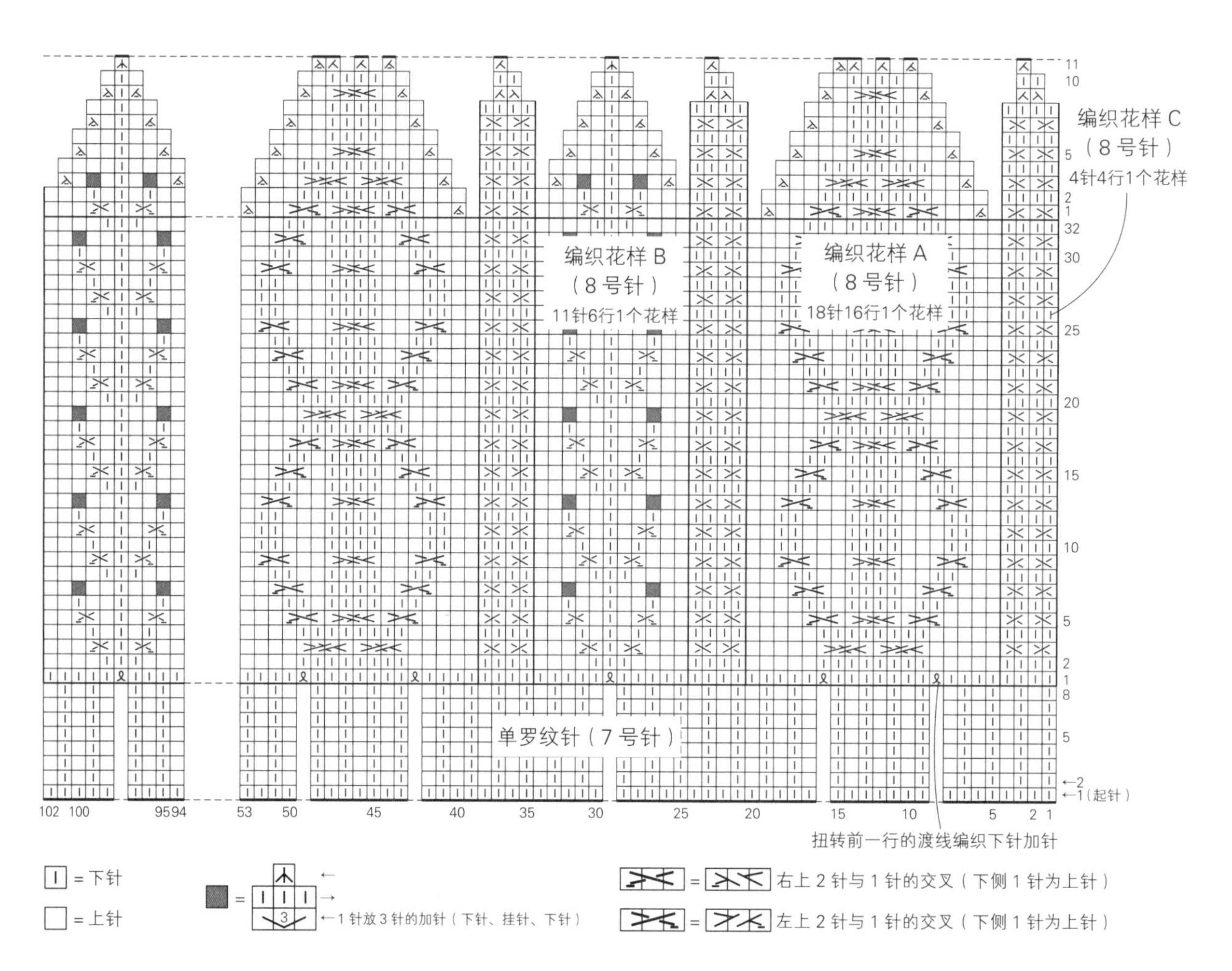

□ = 下针

□ = 上针

■ = ←1 针放 3 针的加针（下针、挂针、下针）

= 右上 2 针与 1 针的交叉（下侧 1 针为上针）

= 左上 2 针与 1 针的交叉（下侧 1 针为上针）

p.20 圆领羊绒开衫

材料 ［达摩手编线］Cashmere Lily 浅灰色（2）285g
工具 6号、5号的2根棒针（用环形针做往返编织时，参照p.41用6号、5号60cm长的环形针）
辅材 直径1.5cm的纽扣7颗，垫扣（透明）7颗
密度 10cm×10cm面积内：下针编织23针，32行
尺寸 胸围94.5cm，衣长68cm，肩宽34.5cm，袖长58.5cm

编织方法 用1根线和指定针号编织。

・编织后身片

用5号针手指挂线起107针，接着编织42行单罗纹针。换成6号针做下针编织。在下针编织的第1行加针，编织100行。然后一边在袖窿减针一边继续编织64行。肩部做引返编织后休针。领窝做伏针收针后一边编织一边减针。

・编织前身片

用5号针手指挂线起52针，接着编织42行单罗纹针。换成6号针做100行下针编织，然后一边在袖窿减针一边继续编织64行。肩部做引返编织后休针。领窝做伏针收针后一边编织一边减针。左、右前身片对称编织。

・编织袖子

用5号针手指挂线起48针，接着编织32行单罗纹针。换成6号针，一边在袖下加针一边做110行下针编织。然后一边在袖山减针一边继续编织48行，结束时做伏针收针。

・编织前门襟

用5号针手指挂线起11针，接着编织157行单罗纹针，结束时稍紧一点做伏针收针。左、右前门襟同样编织，在右前门襟留出扣眼。为了使前门襟与身片前端统一尺寸，一边纵向拉伸织物一边用蒸汽熨斗熨烫，将其调整至与前端相同的长度。

※前门襟与身片前端长度无法调整一致时，请按下述方法编织前门襟。

①在前门襟的编织终点做伏针收针前，一边纵向拉伸织物一边用蒸汽熨斗进行熨烫。

②等织物完全冷却后，测量前门襟与身片前端的长度。对照前端的长度，若行数不够就继续编织前门襟补上不足部分（若行数太多就拆去几行），然后再做编织终点的伏针收针。

③需要加减行数时，右前门襟不要留出扣眼，按与左前门襟相同的行数编织，最后再开出扣眼（参照p.37）。

・组合

肩部做引拔接合。从领窝挑针，用5号针编织7行单罗纹针，结束时稍紧一点做伏针收针（特别是弧线部分）。胁部、袖下做挑针缝合。前门襟与身片前端做挑针缝合。袖山与袖窿做引拔缝合。最后在左前门襟缝上纽扣。

编织要点 编织完成后，先清洗一遍，去除纺织过程中毛线上附着的机油。一段时间的穿着和清洗会使羊绒恢复本来的松软触感，衣长也会缩短一些。所以，制图中的衣长和袖长都比较长。领窝为了防止拉伸变形做了伏针收针。

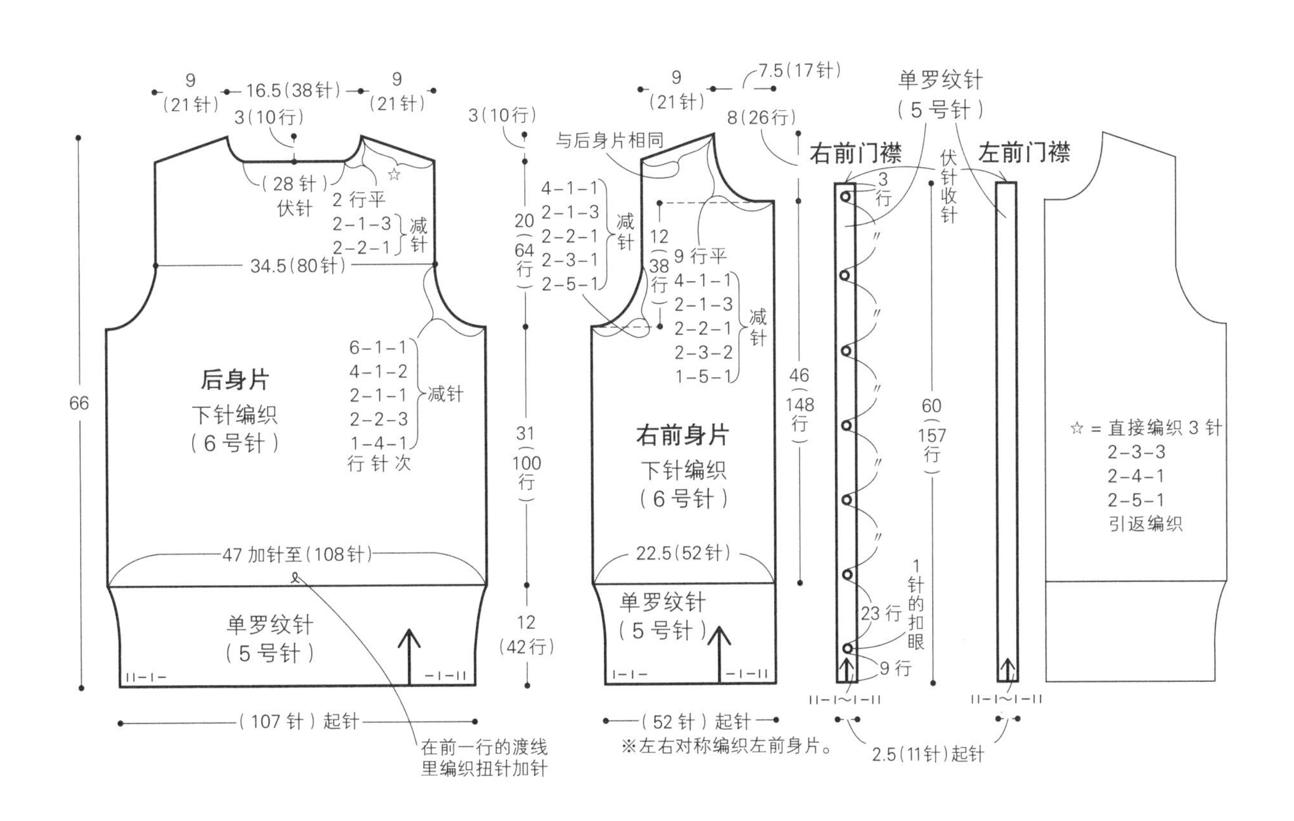

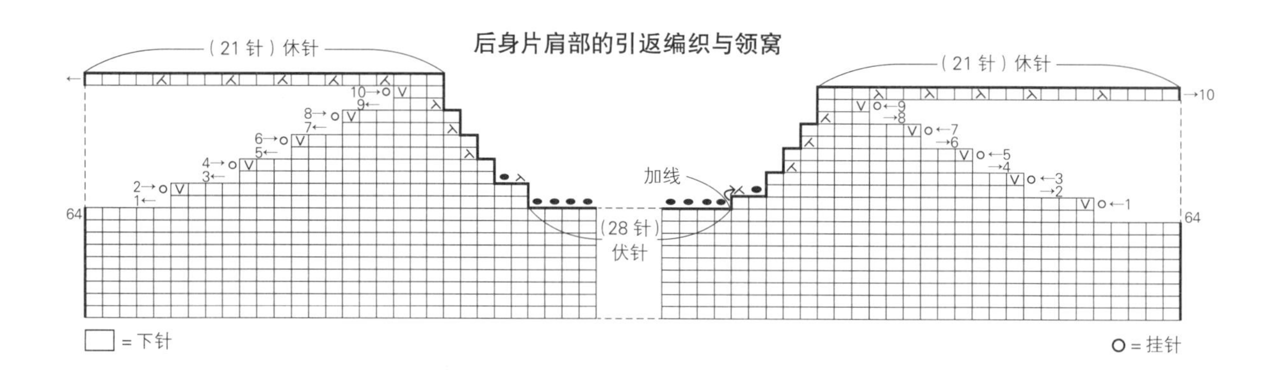
后身片肩部的引返编织与领窝
（21针）休针
（21针）休针
10
9
8
7
6
5
4
3
2
1
64
64
加线
（28针）
伏针
= 下针
= 挂针

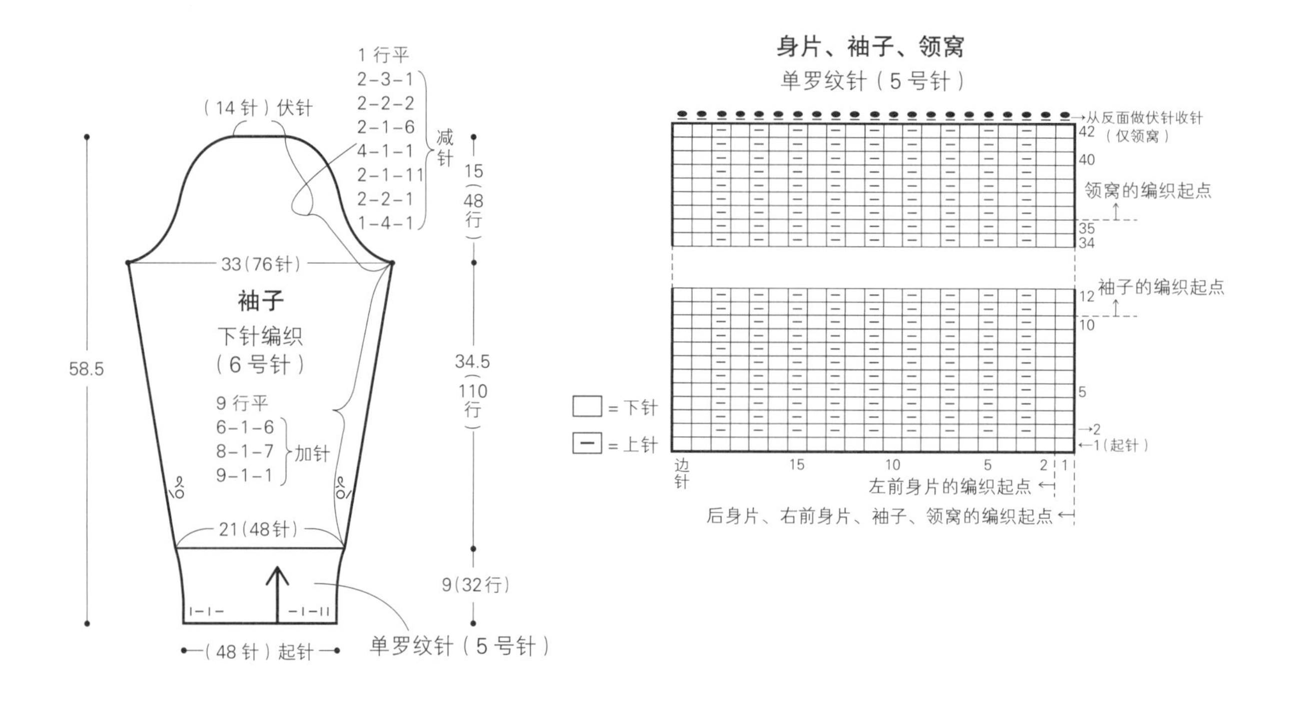
（14针）伏针
1行平
2-3-1
2-2-2
2-1-6
4-1-1
2-1-11
2-2-1
1-4-1
减针
15
（48行）
33（76针）
袖子
下针编织
（6号针）
58.5
34.5
（110行）
9行平
6-1-6
8-1-7
9-1-1
加针
21（48针）
9（32行）
（48针）起针
单罗纹针（5号针）
身片、袖子、领窝
单罗纹针（5号针）
从反面做伏针收针（仅领窝）
42
40
领窝的编织起点
35
34
袖子的编织起点
12
10
5
2
1（起针）
= 下针
= 上针
边针
15
10
5
2
1
左前身片的编织起点
后身片、右前身片、袖子、领窝的编织起点

【引返编织】 图中的针数与行数按羊绒开衫肩部的推算数据进行说明。

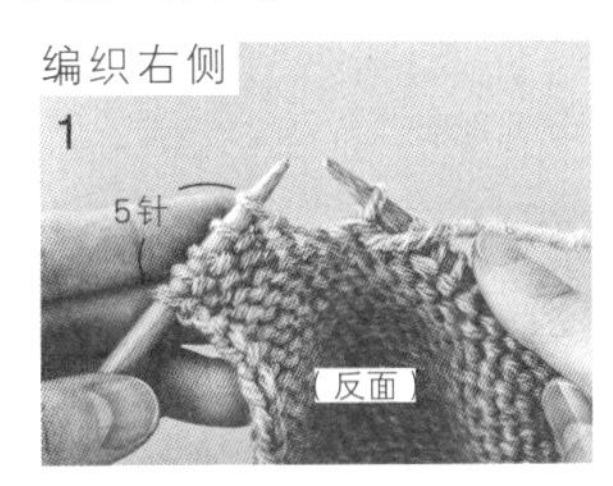

在袖窿的第 64 行编织至引返位置前，留出 5 针不织。

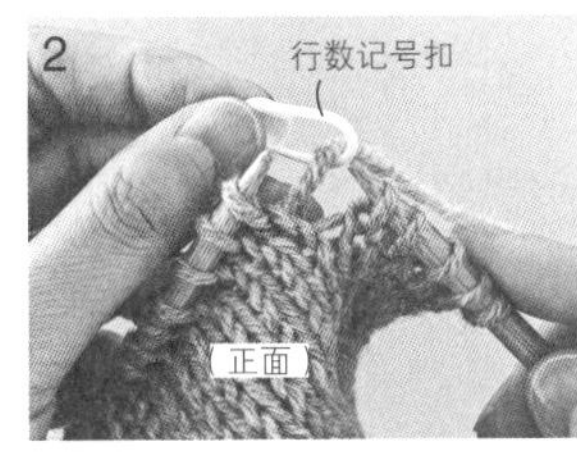

翻回正面，将行数记号扣挂在线上。

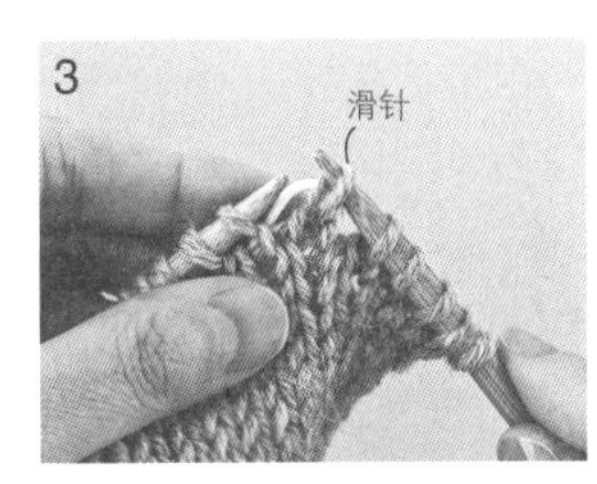

编织滑针。

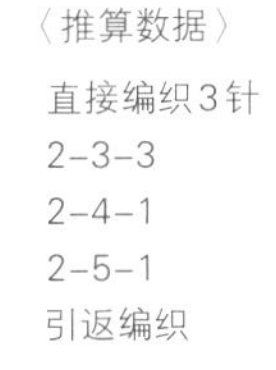
〈推算数据〉
直接编织3针
2-3-3
2-4-1
2-5-1
引返编织

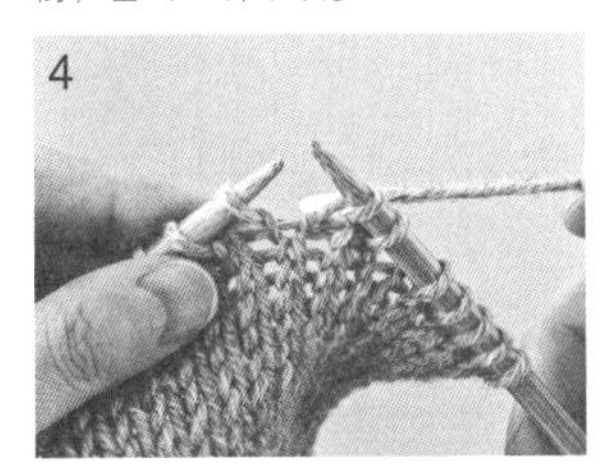

编织下一针，此时行数记号扣位于反面（消行时用作挂针）。继续编织至末端。

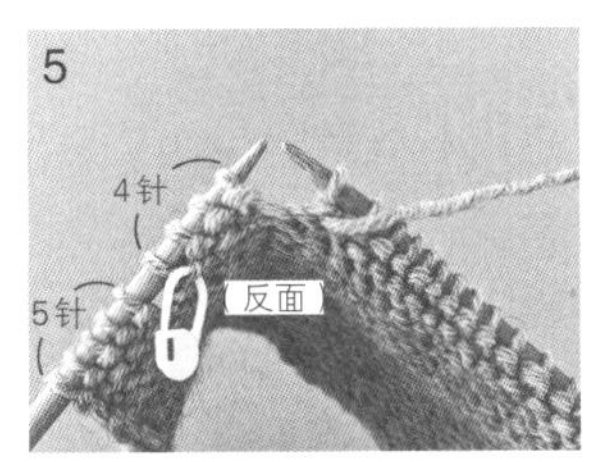

翻至反面，留出 9 针（5 针 +4 针）不织。翻回正面。

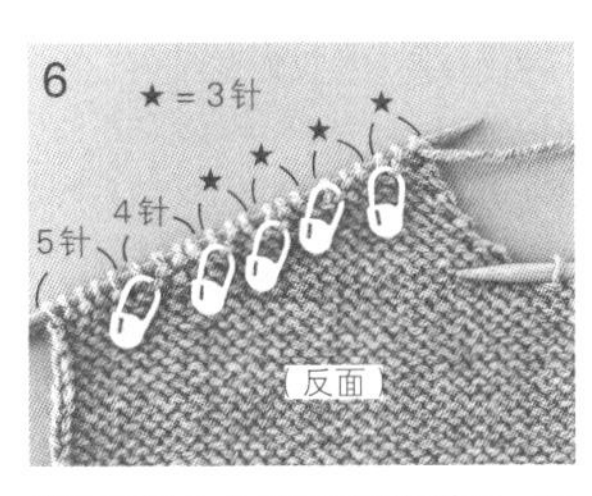

按与步骤 2~5 的相同要领编织。重复以上操作，引返编织部分就完成了。

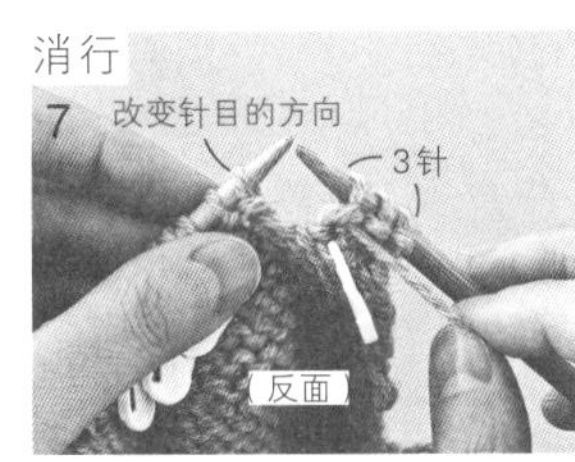

翻至反面编织 3 针。改变第 4 针的方向（针目方向请参照步骤 8）。

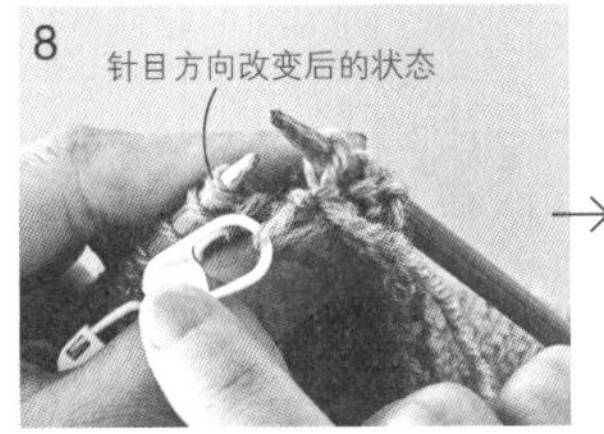

拉出行数记号扣上的线，挂在左棒针上。这就变成了挂针。

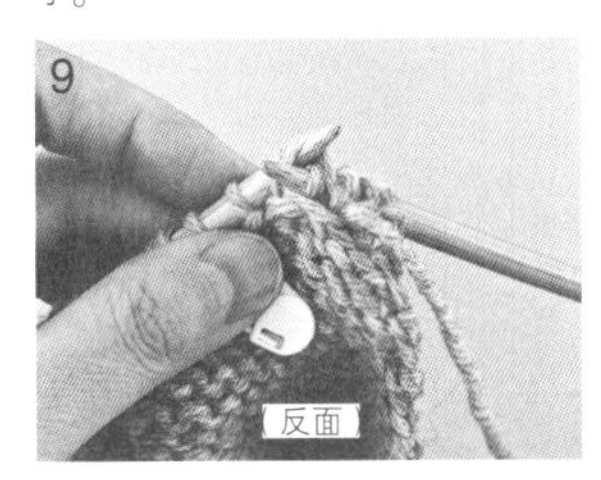

取下行数记号扣，与挂到左棒针上的针目（挂针）一起编织右上 2 针并 1 针（上针）。

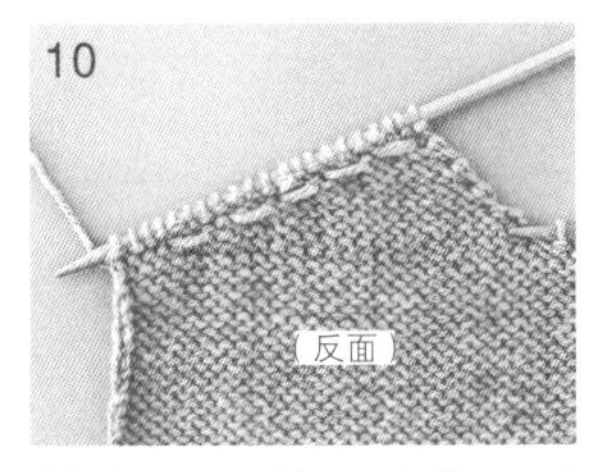

按与步骤 7~9 的相同要领编织。消行编织结束后，右侧就完成了。

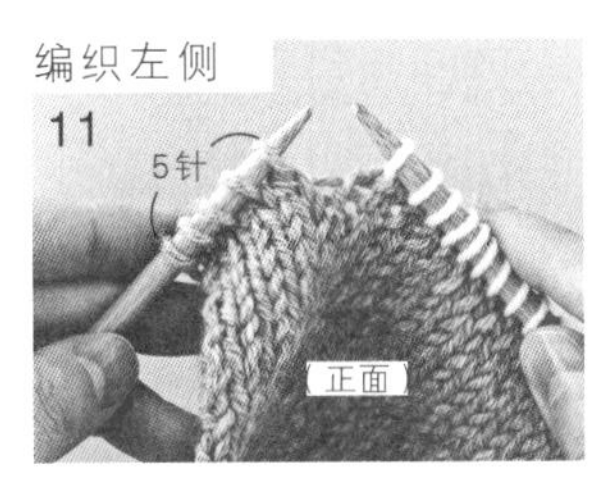

在正面编织至引返位置前，留出 5 针不织（为了便于理解，图中使用了不同颜色的线）。

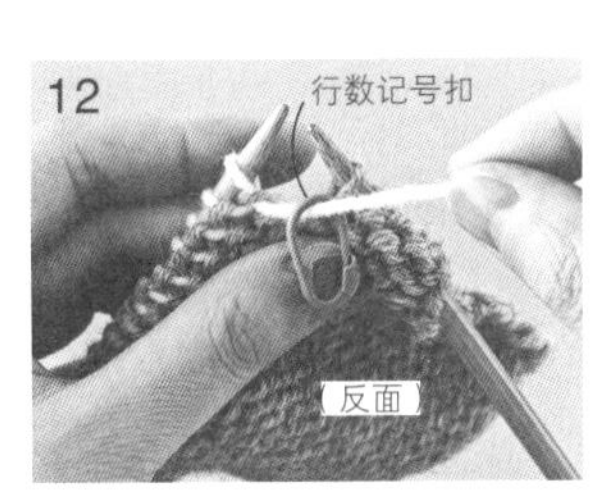

翻至反面，将行数记号扣挂在线上。

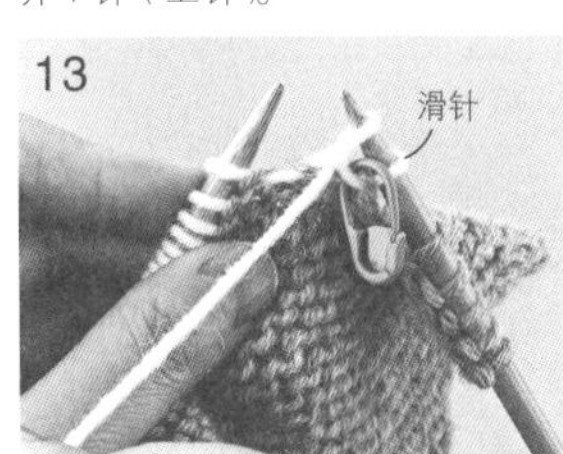

编织滑针和下一针。此时行数记号扣位于反面（消行时用作挂针）。

按与步骤 11~13 的相同要领编织。重复以上操作，引返编织部分就完成了。

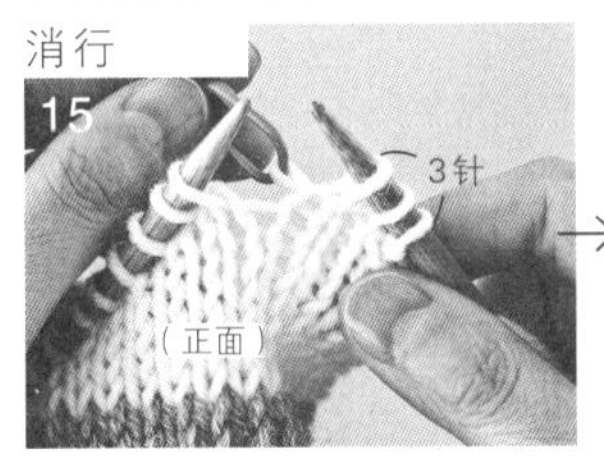

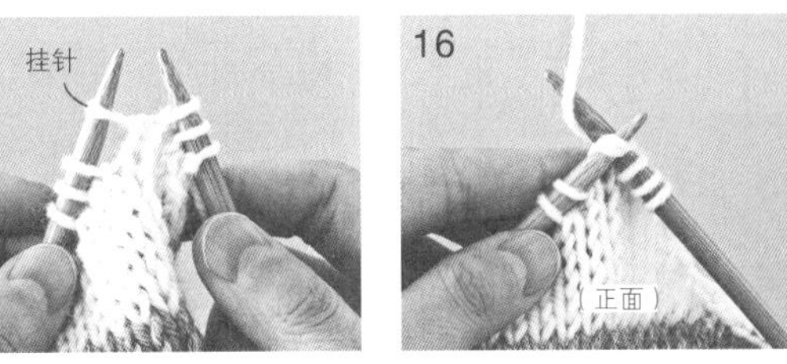

翻回正面编织 3 针。拉出行数记号扣上的线，挂在左棒针上，这就变成了挂针。取下行数记号扣。

与挂到左棒针上的针目（挂针）一起编织左上 2 针并 1 针。

按与步骤 15、16 的相同要领编织。消行编织结束后，左侧就完成了。

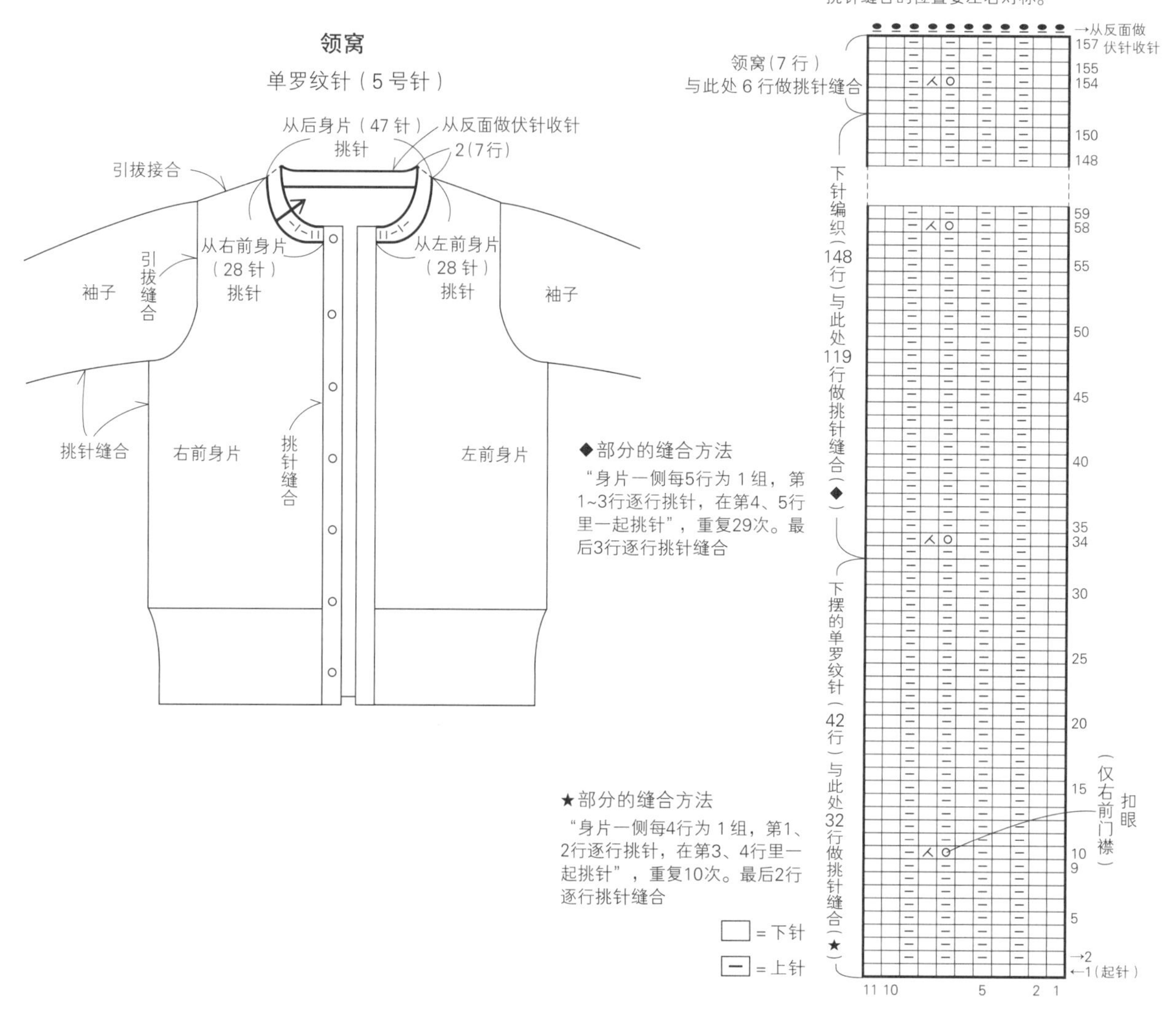

---

p.26　枯叶花样开衫

材料　［芭贝］Julika Mohair 橄榄色（309）340g

工具　9号、8号的2根棒针（用环形针做往返编织时，参照p.41用9号、8号60cm长的环形针）

密度　10cm×10cm面积内：下针编织16针，22行；编织花样23针，22行

尺寸　胸围108cm，衣长64cm，连肩袖长76.5cm

编织方法　用1根线和指定针号编织。

・编织后身片

用9号针手指挂线起87针，接着编织4行起伏针和98行下针编织。结束时休针。

・连续编织前身片、后育克

用8号针手指挂线起62针，接着编织4行起伏针，按编织花样继续编织98行。一边在前领窝减针，一边按编织花样编织后育克的56行，结束时休针。左、右前身片和左、右后育克对称编织。

・编织袖子

用9号针手指挂线起42针，接着编织4行起伏针。袖下无须加减针编织60行下针编织，然后一边加针一边继续编织36行，结束时休针。

・组合

左、右后育克做引拔接合。后育克的★部分与后身片的休针之间、身片的接袖部分☆与袖子的休针之间做针与行的接合。胁部、袖下做挑针缝合。

编织要点　里面搭配衣服的不同会影响袖长。如果觉得袖子太长，可以将袖口向外侧翻折，整体效果会更好。

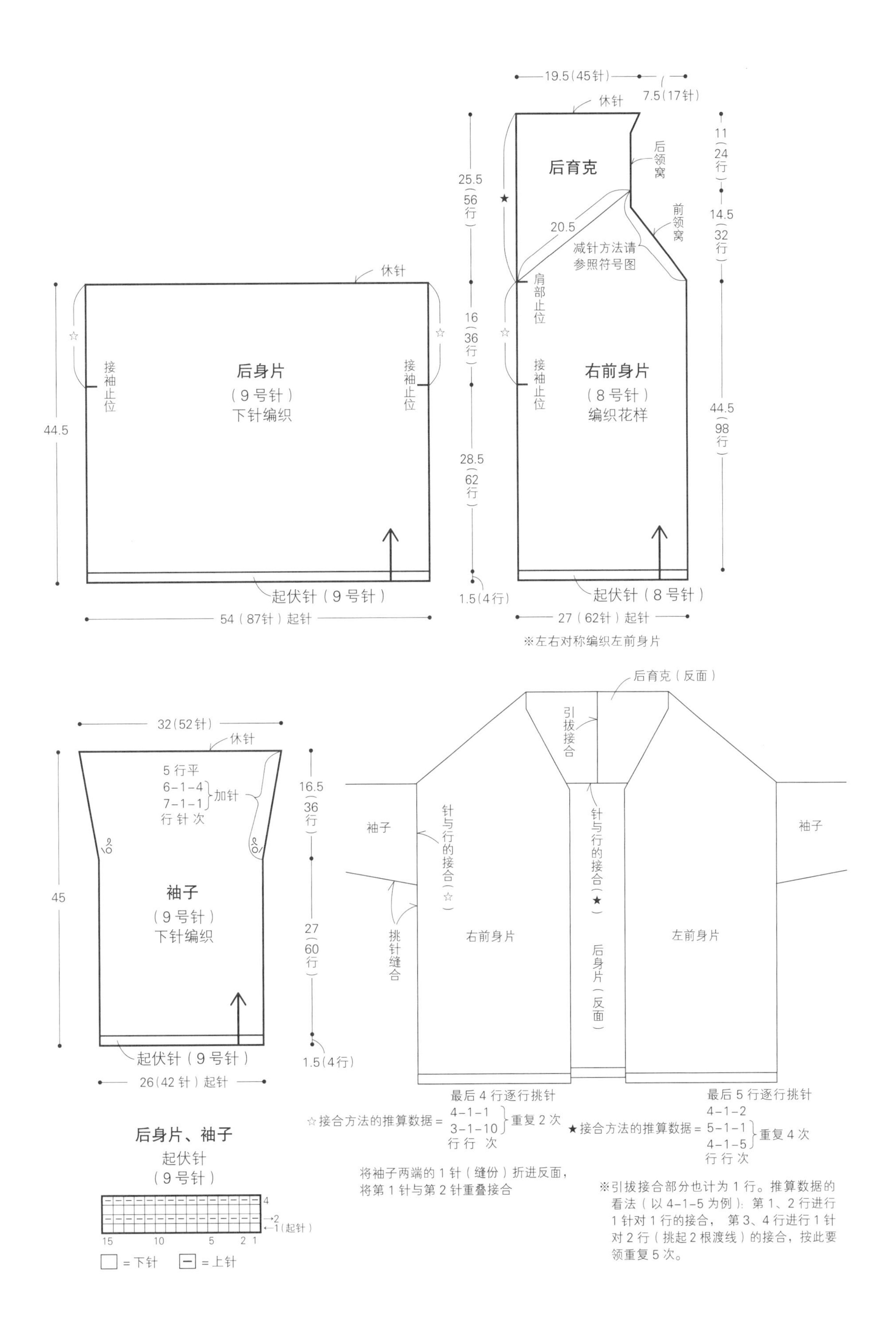

19.5（45针）
7.5（17针）
休针
后育克
后领窝
前领窝
25.5（56行）
11（24行）
14.5（32行）
20.5
减针方法请参照符号图
肩部止位
16（36行）
接袖止位
右前身片
（8号针）
编织花样
44.5（98行）
28.5（62行）
1.5（4行）
起伏针（8号针）
27（62针）起针
※左右对称编织左前身片
休针
接袖止位
后身片
（9号针）
下针编织
44.5
起伏针（9号针）
54（87针）起针
32（52针）
休针
5行平
6-1-4
7-1-1
行 针 次
加针
16.5（36行）
45
袖子
（9号针）
下针编织
27（60行）
1.5（4行）
起伏针（9号针）
26（42针）起针
后育克（反面）
引拔接合
袖子
针与行的接合（☆）
针与行的接合（★）
挑针缝合
右前身片
后身片（反面）
左前身片
最后4行逐行挑针
☆接合方法的推算数据＝4-1-1 3-1-10 行 行 次 重复2次
最后5行逐行挑针
★接合方法的推算数据＝4-1-2 5-1-1 4-1-5 行 行 次 重复4次
将袖子两端的1针（缝份）折进反面，将第1针与第2针重叠接合
※引拔接合部分也计为1行。推算数据的看法（以4-1-5为例）：第1、2行进行1针对1行的接合，第3、4行进行1针对2行（挑起2根渡线）的接合，按此要领重复5次。
后身片、袖子
起伏针
（9号针）
4
2
1（起针）
15
10
5
2
1
＝下针
＝上针

右前身片（8号针）

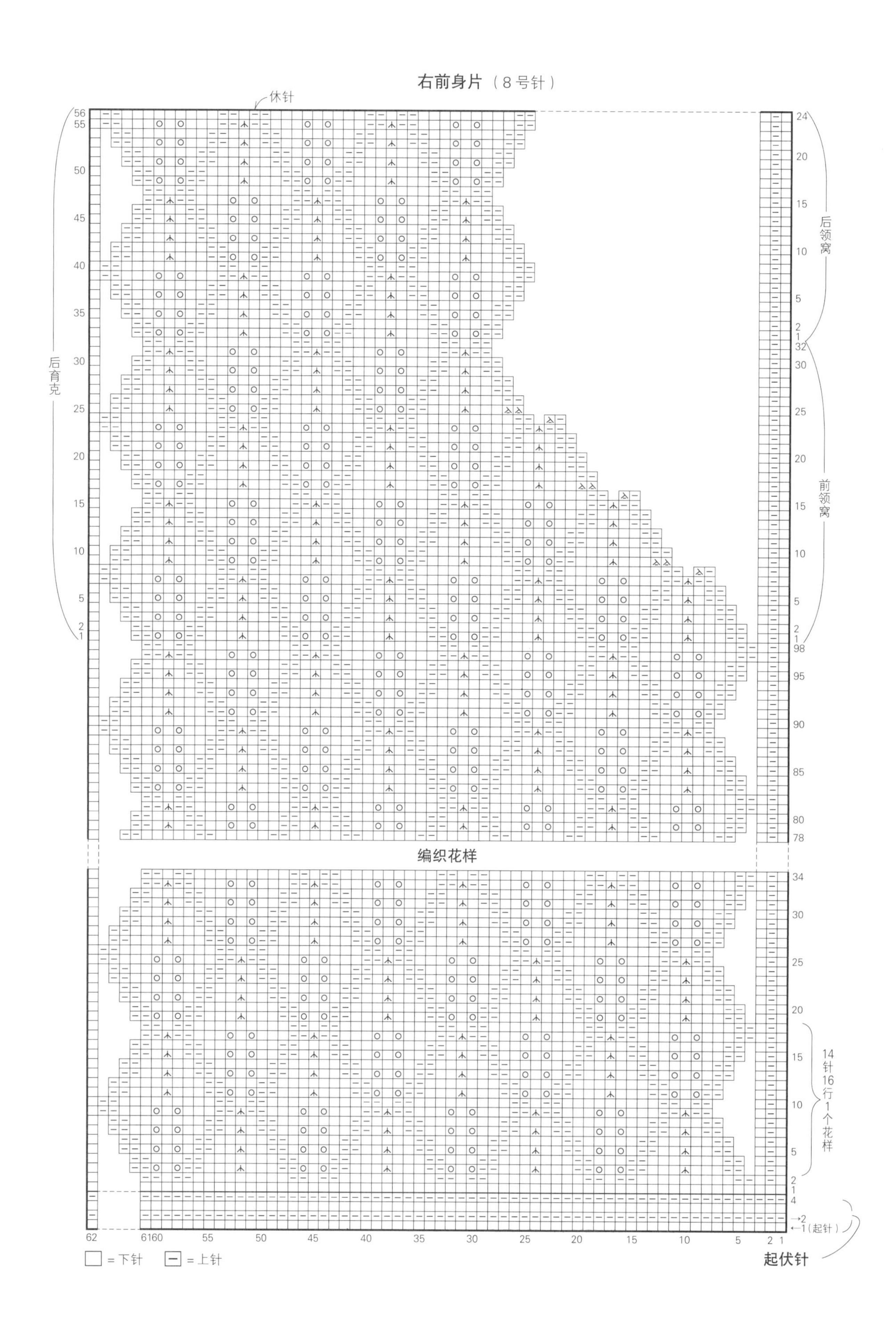

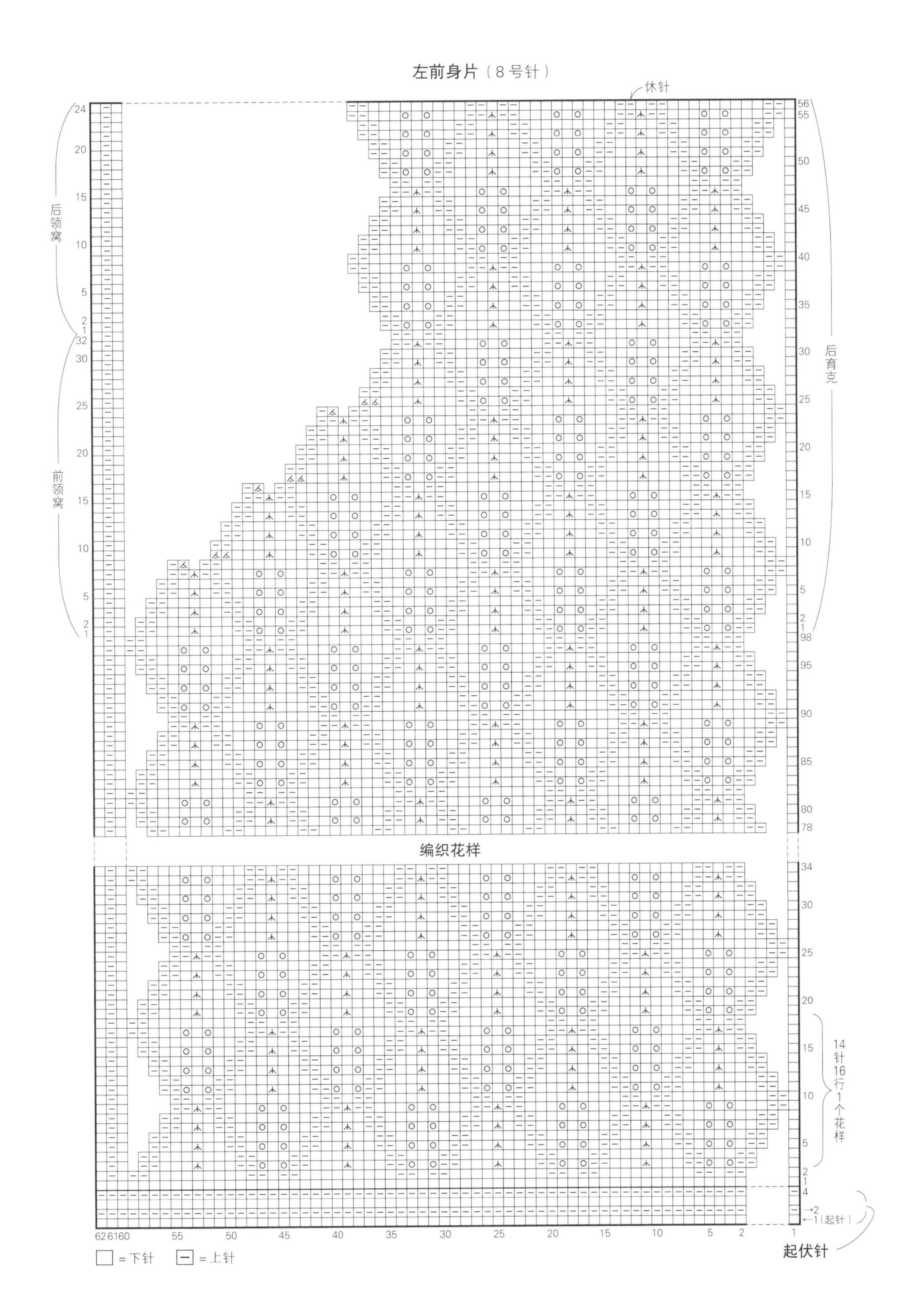

左前身片（8号针）
休针
后领窝
前领窝
后育克
编织花样
14针16行1个花样
起伏针
1（起针）
= 下针
= 上针

p.22 羊绒围脖

材料 ［达摩手编线］Cashmere Lily 深橡木色（3）50g
工具 6号40cm长的环形针
密度 10cm×10cm面积内：下针编织23针，32行
尺寸 颈围52cm，长33cm

编织方法 用1根线编织。
手指挂线起120针，连接成环形（参照p.38）。
接着做105行下针编织。编织结束时，从反面做伏针收针。

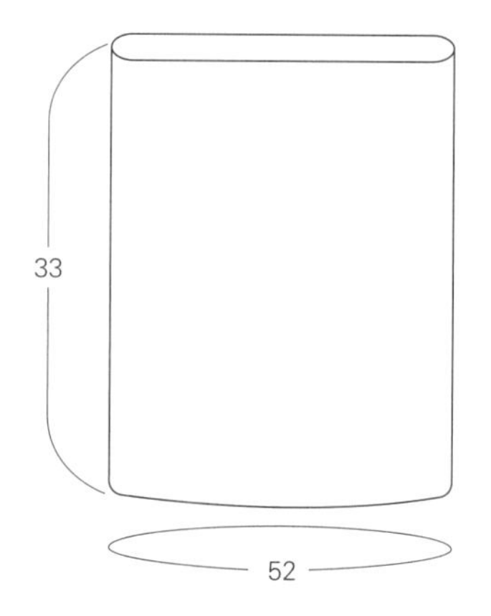

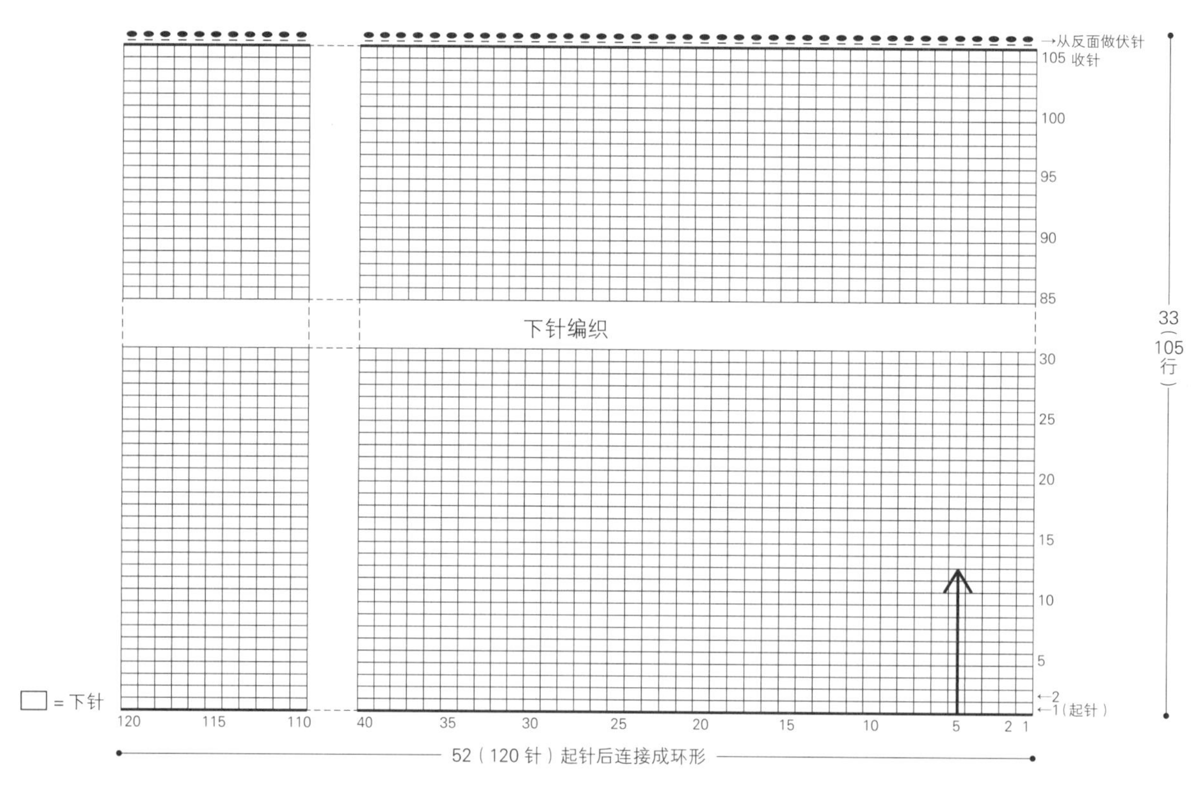

p.22　长款羊绒露指手套

<u>材料</u>　[达摩手编线] Cashmere Lily 深橡木色（3）43g

<u>工具</u>　6号的2根棒针（用环形针做往返编织时，参照p.41 用6号60cm长的环形针）

<u>密度</u>　10cm×10cm 面积内：下针编织23针，32行

<u>尺寸</u>　手掌围19cm，长32.5cm

<u>编织方法</u>　用1根线编织。

・编织主体

手指挂线起44针，做103行下针编织。中途，在拇指孔位置（第66行、第78行）做上标记。编织结束时，从反面做伏针收针。用相同方法再编织1只手套。

・组合

除拇指孔以外，将织物的两端做挑针缝合。

<u>编织要点</u>　拇指孔请根据手的大小开在自己喜欢的位置。

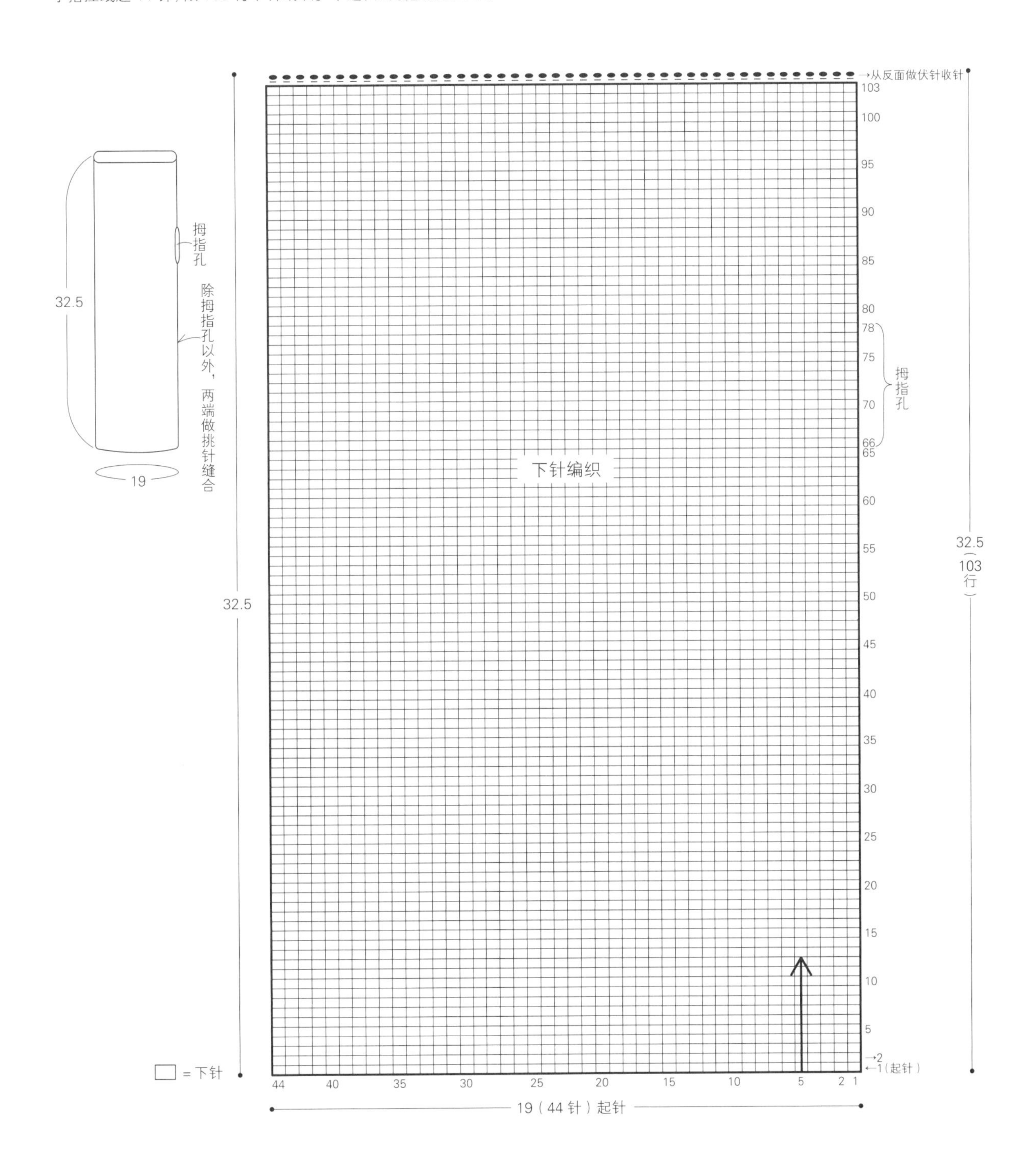

p.25　白玉兰花样披肩

材料　[Östergötlands 羊毛纺织] Visjö 白色（1）323g

工具　5 号的 2 根棒针（用环形针做往返编织时，参照 p.41 用 5 号 60cm 长的环形针）

密度　编织花样 A、A’　17 针 7.5cm，12 行 3.5cm；
编织花样 B、B’　9 针 3.5cm，12 行 3.5cm；
下针编织　23 针 10cm，21 行 7cm

尺寸　宽 42cm，长 155cm

编织方法　用 1 根线编织。

・编织上侧

另线锁针起针，从里山挑取 97 针。接着编织 2 行下针编织（一部分是上针编织），按编织花样 A、A’、B、B’编织 240 行，再做 21 行下针编织（一部分是上针编织）。编织结束时，从反面做伏针收针。

・编织下侧

解开起针时的另线锁针，挑取 97 针。加线，编织 2 行下针编织（一部分是上针编织），接着按编织花样 A、A’、B、B’编织 240 行（注意花样的编织起点与上侧不同），再编织 21 行下针编织（一部分是上针编织）。编织结束时，从反面做伏针收针。

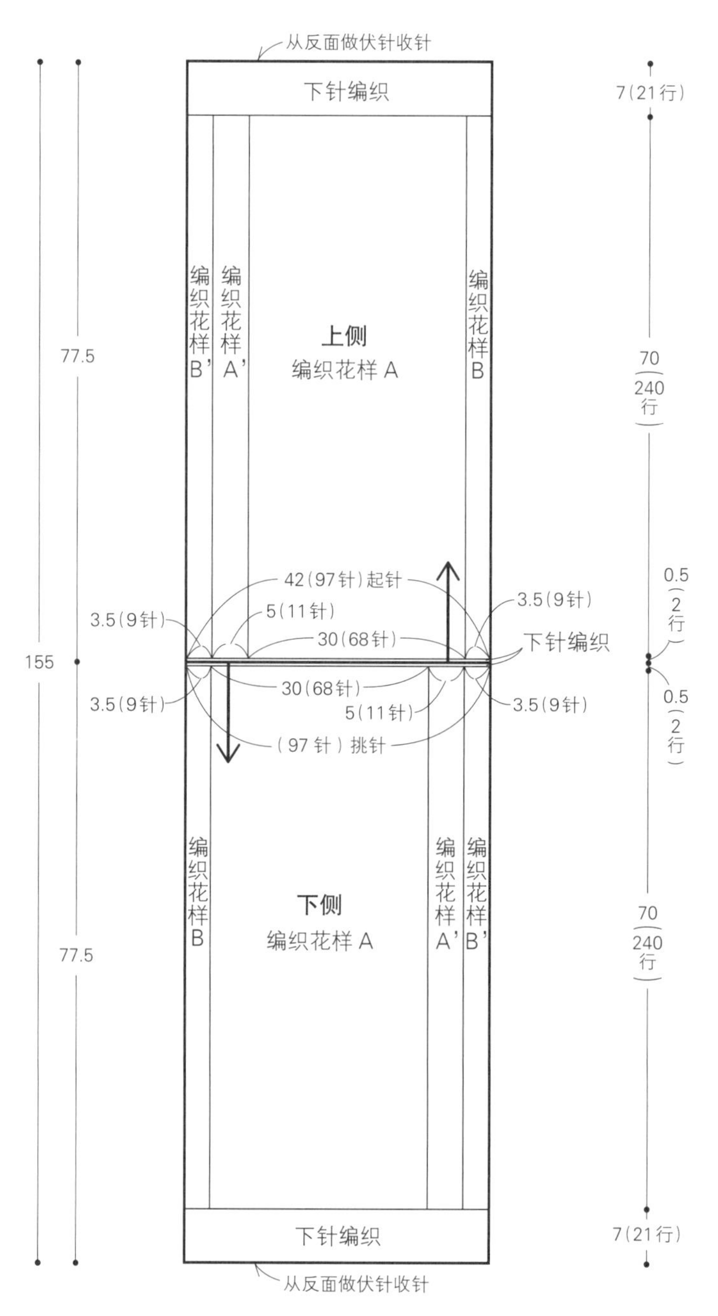

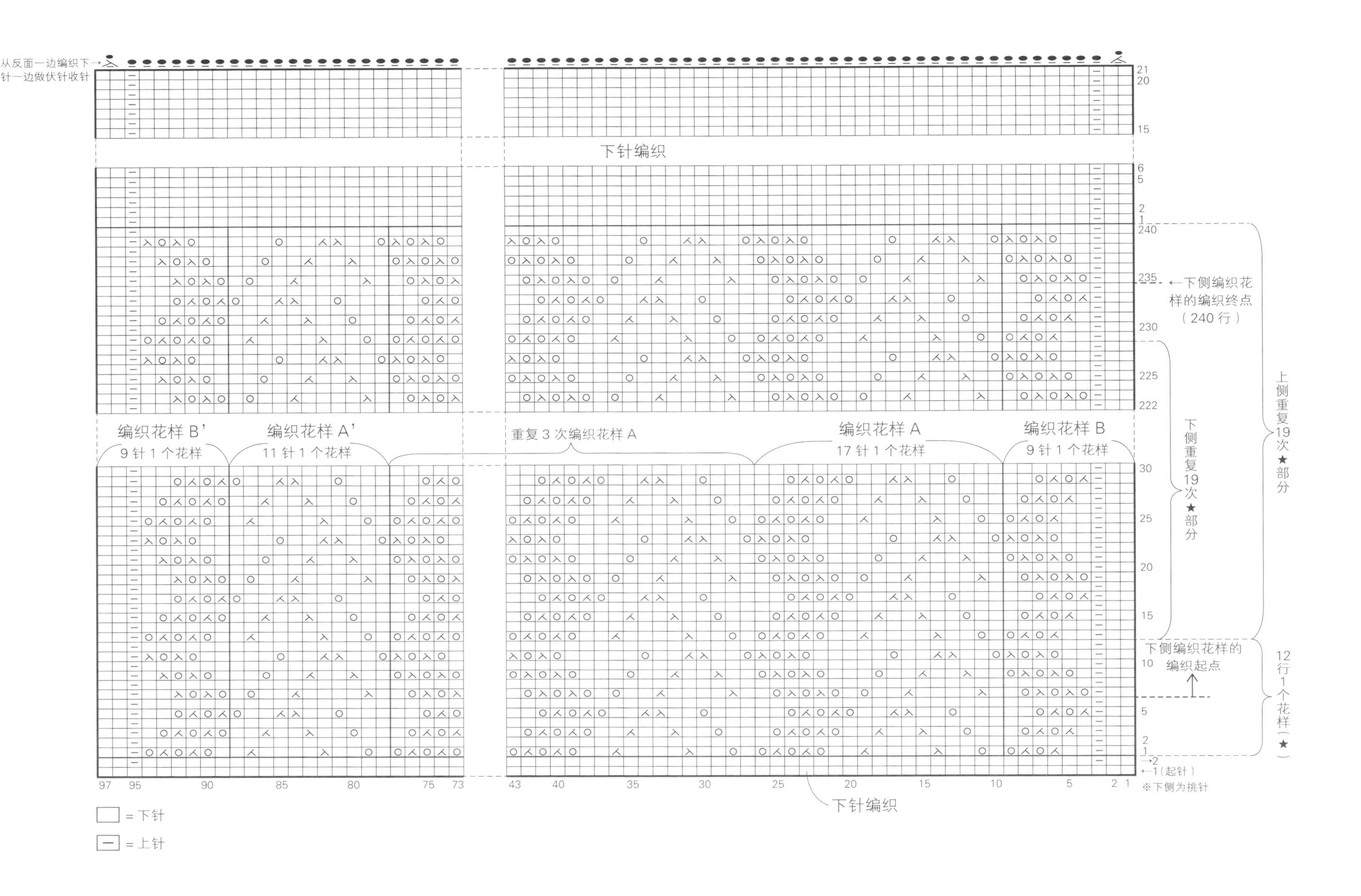

从反面一边编织下针一边做伏针收针
下针编织
←下侧编织花样的编织终点（240行）
上侧重复19次★部分
下侧重复19次★部分
编织花样B'
9针1个花样
编织花样A'
11针1个花样
重复3次编织花样A
编织花样A
17针1个花样
编织花样B
9针1个花样
下侧编织花样的编织起点
12行1个花样（★）
←1（起针）
※下侧为挑针
下针编织
= 下针
= 上针

p.28　祖母袜套

材料　［内藤商事］Lopi **纯色作品** 米色（85）110g；**条纹作品** 白色（51）44g，浅米色（86）44g，褐色（53）20g

工具　12 号的 4 根短棒针（用环形针做往返编织，以及用魔术环技法编织时，参照 p.41 用 12 号 80cm 长的环形针）

密度　10cm×10cm 面积内：起伏针 14 针，26 行

尺寸　袜底长约 26.5cm（均码），深 12cm

编织方法　用 1 根线编织，条纹作品按指定配色编织。

・编织主体 A

手指挂线起 34 针，接着无须加减针编织 10 行起伏针。一边在袜跟减针，一边继续编织 21 行（参照图示）。袜口侧从反面编织 12 针伏针收针，袜面 10 针休针后，将线剪断。

・编织主体 B

从主体 A 的起针处挑取 34 针（参照图示），接着无须加减针编织 10 行起伏针，将线剪断。将 11 针移至别的针上，加线，一边在袜跟减针一边继续编织 21 行（参照图示）。结束后暂时不要将线剪断。

・组合袜面

将主体 A、B 反面相对沿袜底对折，将主体 A 朝向自己拿好。重叠 2 层袜面，用主体 B 保留的线按照图示引拔接合 10 针。接着在主体 B 的袜口从反面编织 12 针伏针收针。

・编织袜头

从主体的袜头侧挑取 32 针，接着环形编织 11 行双罗纹针。然后一边减针一边继续编织 2 行。在最后一行的 8 针里穿 2 次线后收紧。用相同方法再编织 1 只袜套。

编织要点　可以在袜头部分加减行数，调整至合脚的尺寸。

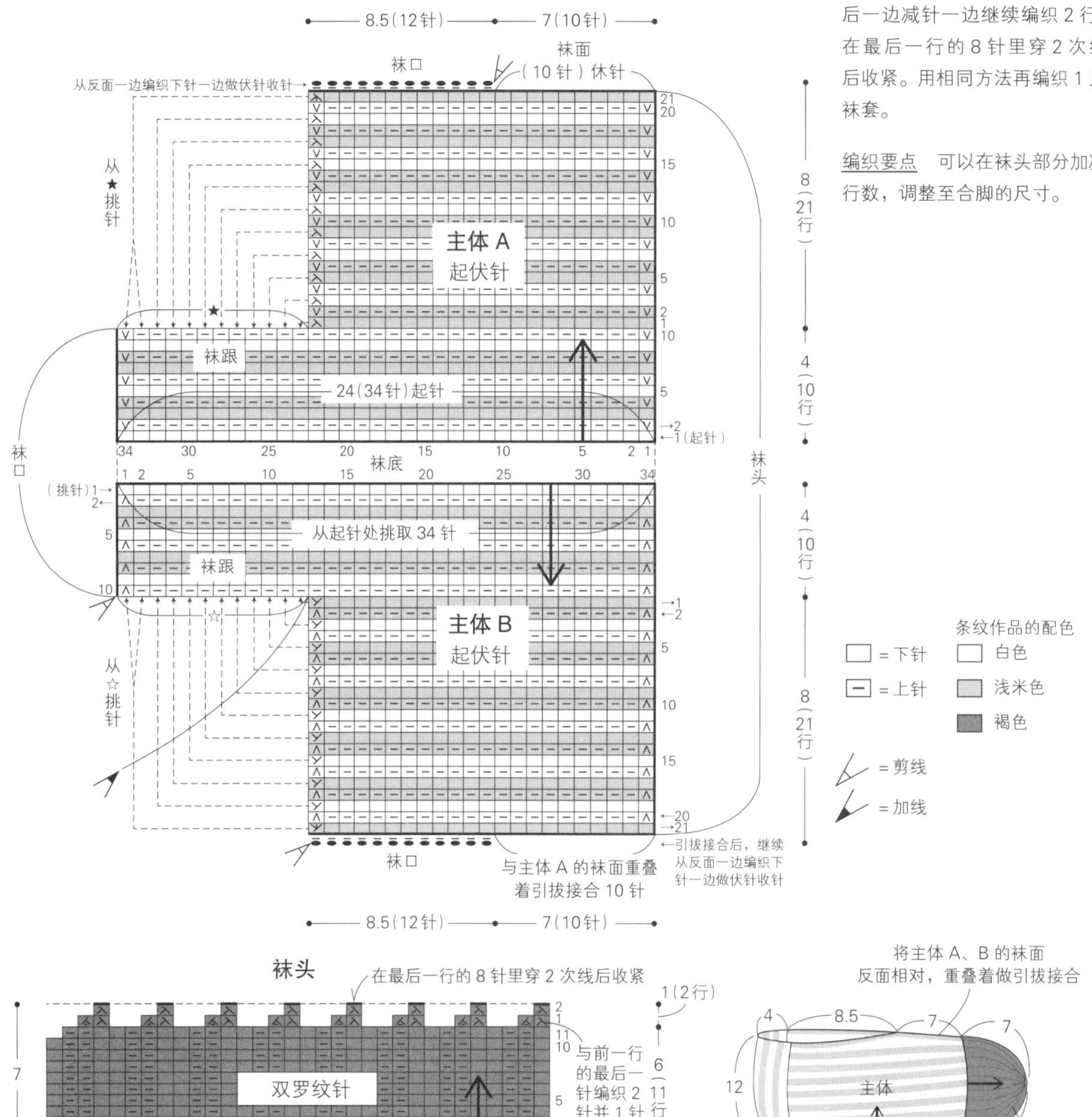

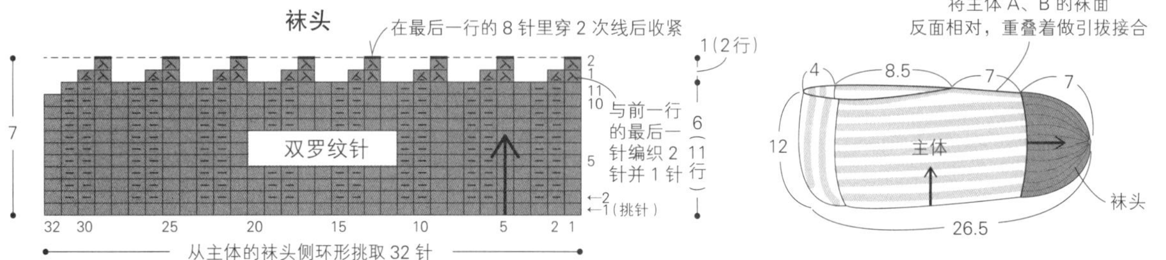

主体A　袜跟的编织方法

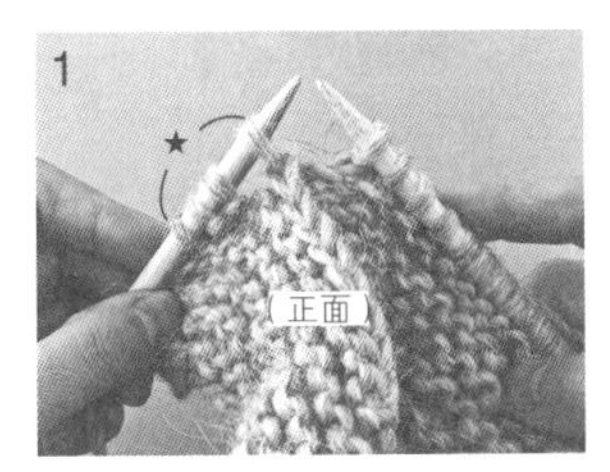

编织 21 针下针（★是袜跟部分）。

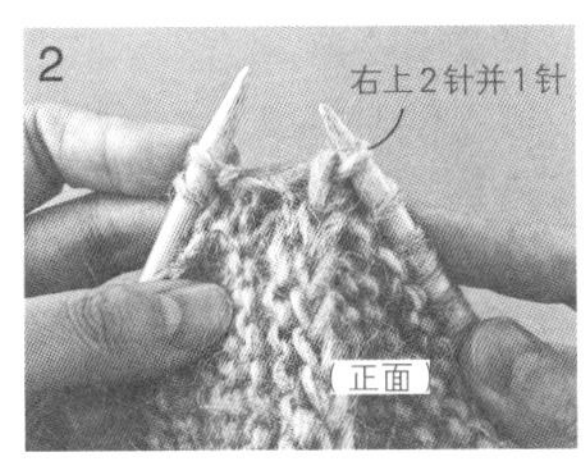

在后面2针里编织右上2针并1针。

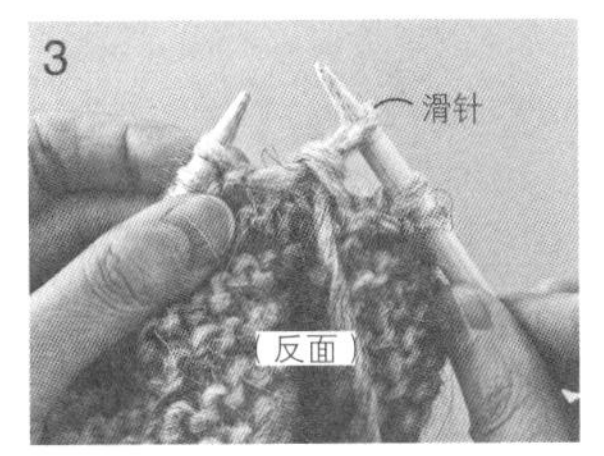

翻至反面，编织下一行。在前一行2针并1针后的针目里编织滑针。

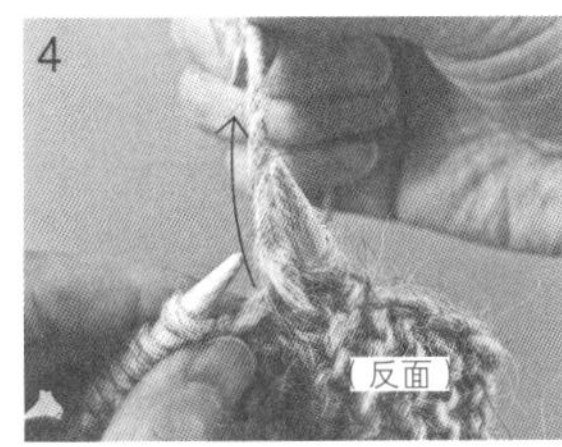

将线放在织物的后面。

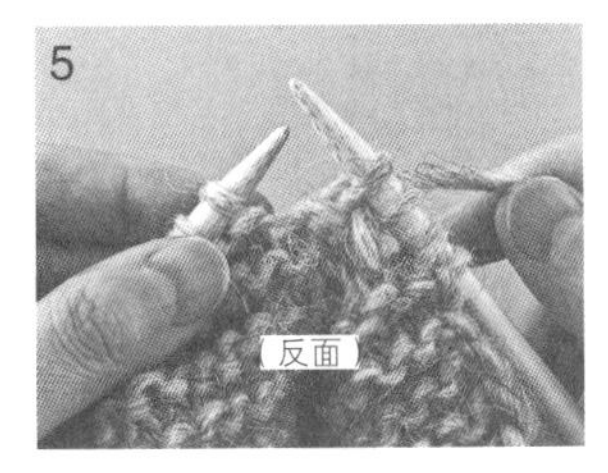

编织下针。

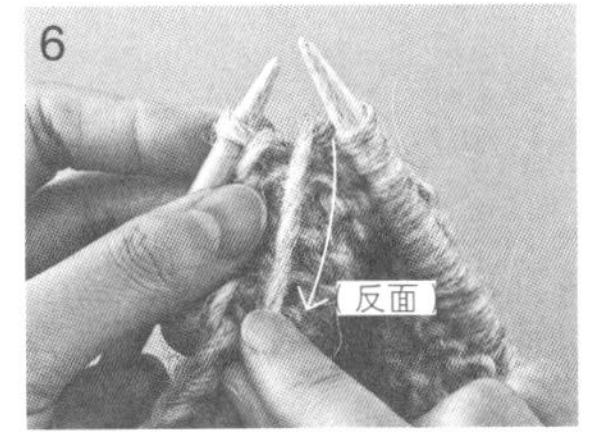

编织至最后一针前，将线放在织物的前面。

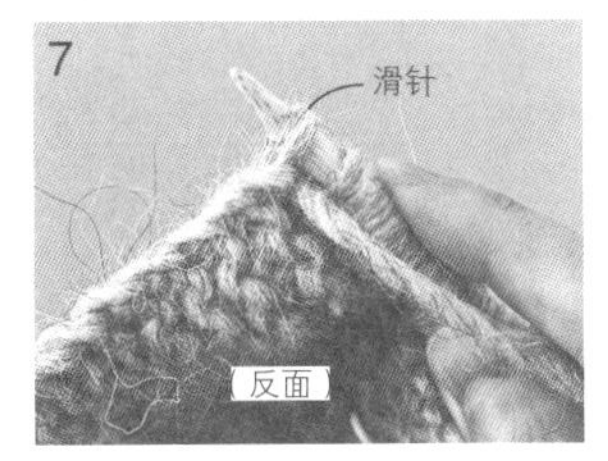

在边针里编织滑针。

重复步骤 1~7。最后将步骤 2 的并针编织成右上 3 针并 1 针。

※ 因为起伏针的正反面花样相同，为了便于理解，可以在正面别上行数记号扣作为标记。

主体B　挑针方法

※ 为了便于理解，图中一部分使用了不同颜色的线进行说明。

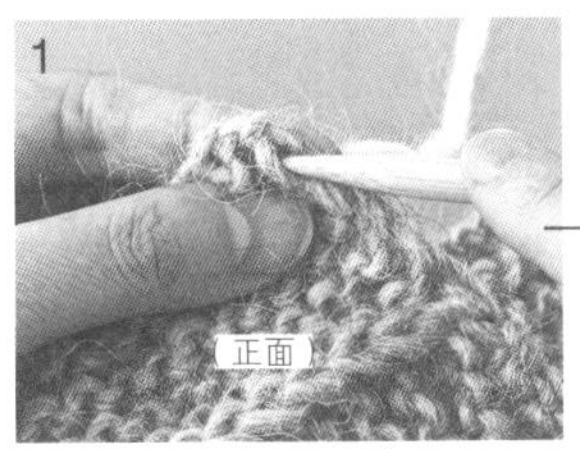

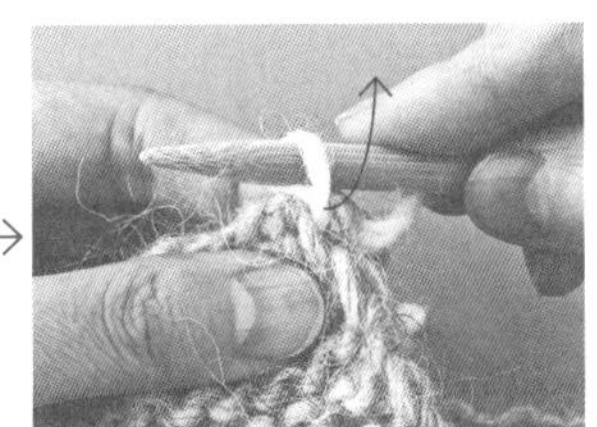
在主体 A 边上的滑针里插入棒针，挂线后拉出（另一侧的滑针部分也用相同方法挑针）。

除了滑针部分以外，在起针的针目里插入棒针，挂线后拉出。

第 1 行的挑针完成。

主体B　袜跟的编织起点

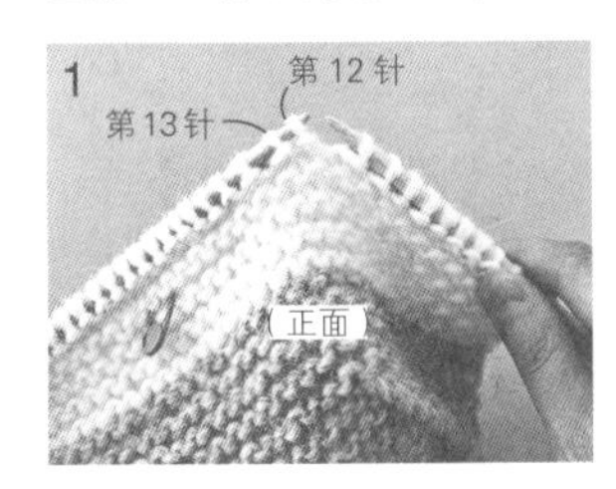

编织 10 行后，将线剪断。将 11 针移至右棒针上，在袜跟处加线，在第 12 针与第 13 针里编织左上 2 针并 1 针。

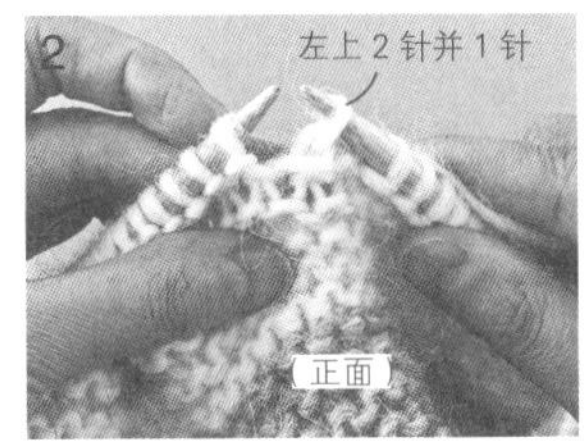

左上 2 针并 1 针完成。编织至第 1 行的末端。将织物翻至反面。

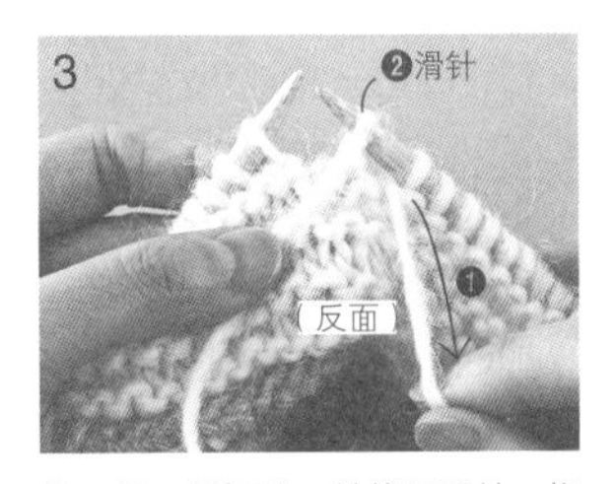

第 2 行。最初的 1 针编织滑针，将线放在织物的后面（参照上方“主体A　袜跟的编织方法”步骤 4）。接着编织至滑针位置前，将线放在织物的前面（❶），编织滑针（❷）（参照上方“主体A　袜跟的编织方法”步骤 6、7）。将织物翻回正面。

第 3 行。将右棒针上的 1 针移至左棒针上。

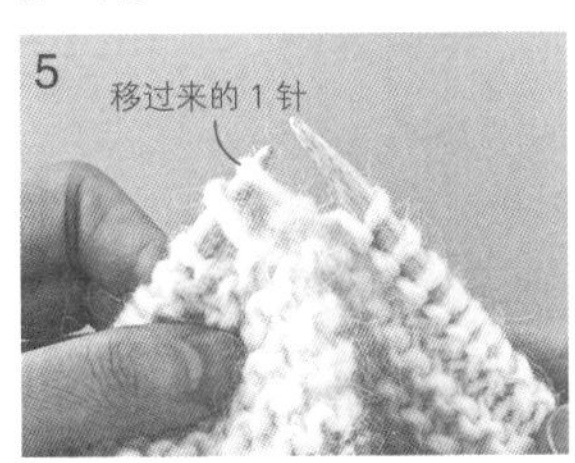

与刚才移过来的针目一起编织左上 2 针并 1 针。

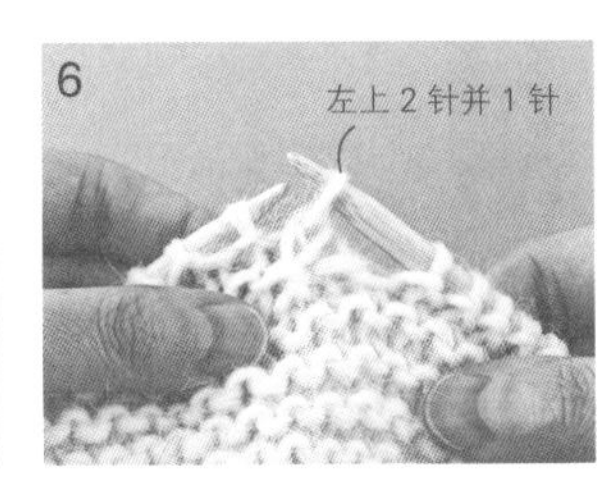

左上 2 针并 1 针完成。编织至行末，将织物翻至反面。重复步骤 3~5。最后将步骤 6 中的并针编织成左上 3 针并 1 针。

p.29 格纹露指手套

材料 [达摩手编线] Airy Wool Alpaca 巧克力色(11)18g，棕色(3)10g，原白色(1)5g

工具 5号、4号的5根短棒针(用魔术环技法编织时，参照p.41用5号、4号80cm长的环形针)

密度 10cm×10cm面积内：配色花样26.5针，31行

尺寸 手掌围18cm，长17.5cm

编织方法 用1根线按指定配色和针号编织。

・编织右手主体

用4号针和巧克力色线手指挂线起48针，连接成环形(参照p.38)，接着编织16行双罗纹针。换成5号针，按配色花样编织34行。中途在拇指孔部分穿入另线休针，在下一行做8针的卷针起针(参照p.37)。换成4号针，编织4行双罗纹针，结束时做伏针收针。

・编织拇指

从主体的休针和卷针处挑针，加上两端各1针，共挑取18针。用4号针和巧克力色线环形编织。接着做15行下针编织，结束时做伏针收针。

・编织左手手套

用相同方法编织左手手套，注意拇指孔的位置不同。

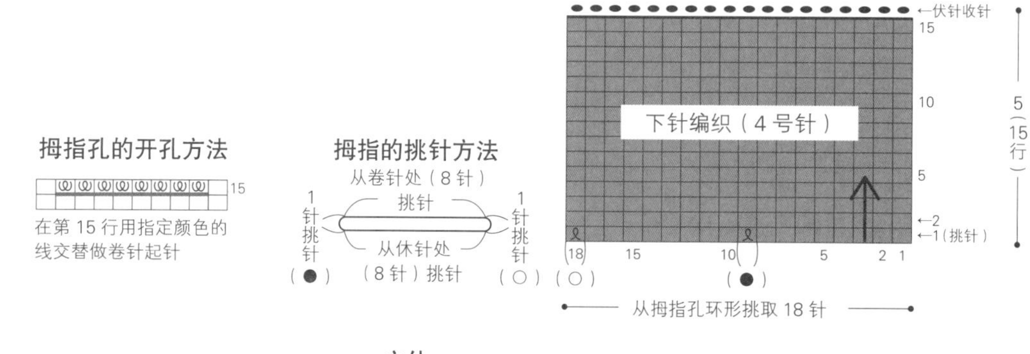

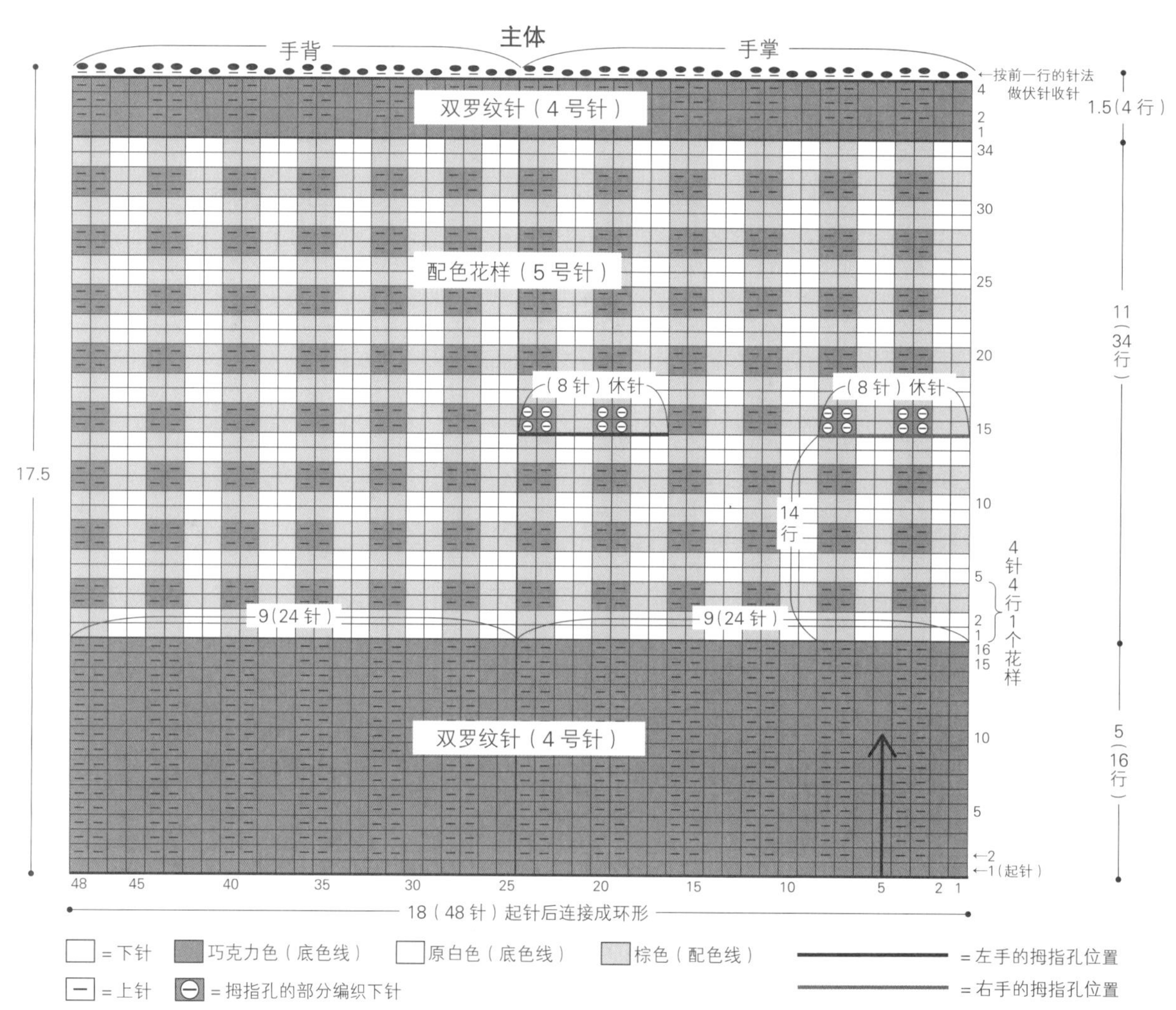

p.31 一字领包肩背心

材料 ［达摩手编线］Airy Wool Alpaca 黑色（9）84g，原白色（1）60g，浅灰色（7）22g，深灰色（8）22g；［达摩手编线］Silk Mohair 黑色（8）74g，原白色（1）58g，铁灰色（7）30g

工具 8 号 80cm 长的环形针（用环形针做往返编织时，参照 p.41）

密度 10cm×10cm 面积内：编织花样 16.5 针，26 行

尺寸 胸围 118cm，衣长 51cm

编织方法 参照配色表，用 1 根 Airy Wool Alpaca 线和 3 根 Silk Mohair 线共 4 根线合股编织。在指定位置更换合股的线编织。

・编织前、后身片

手指挂线起 97 针，接着按编织花样编织 106 行（两端各 1 针为下针）。然后一边在肩部减针一边按编织花样编织 27 行，结束时做伏针收针。编织 2 块相同的织片。

・组合

胁部做挑针缝合至腋下（胁部缝合止位）。肩部做半针的挑针缝合。

编织要点 这是一款 Airy Wool Alpaca 线和 Silk Mohair 线合股编织的作品。更换 Silk Mohair 线时，在下一行合股编织，可以连同线头一起织进去，编织 10 针左右后再将前一行的线剪断。Airy Wool Alpaca 的线头尽量藏在缝份里。

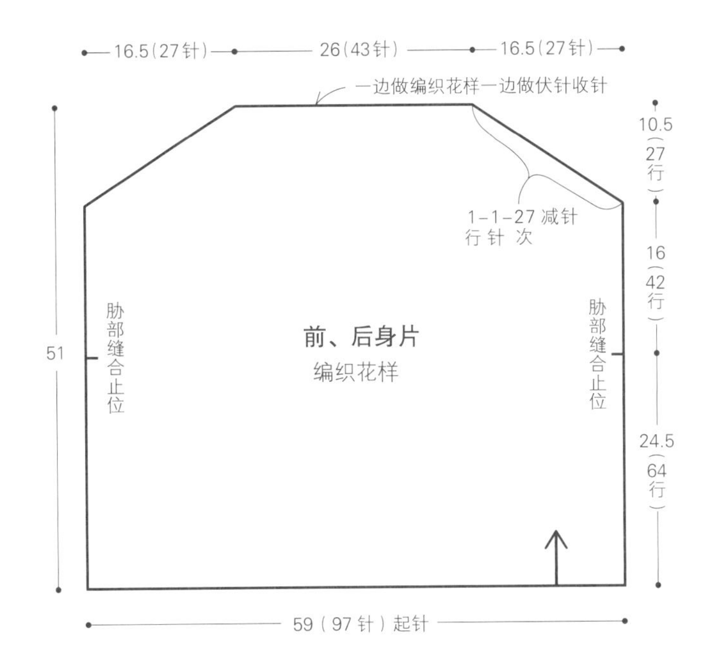

配色表

※用 1 根 Airy Wool Alpaca 线和 3 根 Silk Mohair 线共 4 根线合股编织。（ ）内是编织行数

	行数	1 根 Airy Wool Alpaca 线	3 根 Silk Mohair 线
肩部	1~27（27 行）	原白色	原白色 3 根
袖窿	23~42（20 行）	原白色	原白色 3 根
	19~22（4 行）	浅灰色	原白色 3 根
	15~18（4 行）	浅灰色	铁灰色 1 根，原白色 2 根
	11~14（4 行）	浅灰色	铁灰色 2 根，原白色 1 根
	7~10（4 行）	浅灰色	铁灰色 3 根
	3~6（4 行）	深灰色	铁灰色 3 根
	1、2（2 行）	深灰色	黑色 1 根，铁灰色 2 根
胁部	63、64（2 行）	深灰色	黑色 1 根，铁灰色 2 根
	59~62（4 行）	深灰色	黑色 2 根，铁灰色 1 根
	55~58（4 行）	深灰色	黑色 3 根
	51~54（4 行）	黑色	铁灰色 3 根
	47~50（4 行）	黑色	黑色 1 根，铁灰色 2 根
	43~46（4 行）	黑色	黑色 2 根，铁灰色 1 根
	起针 ~42（42 行）	黑色	黑色 3 根

编织花样

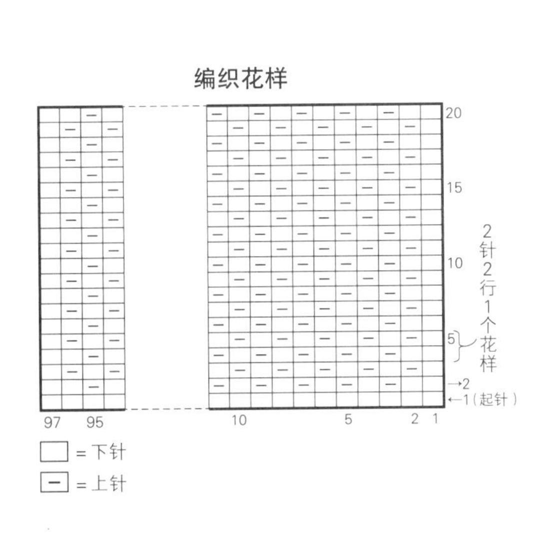

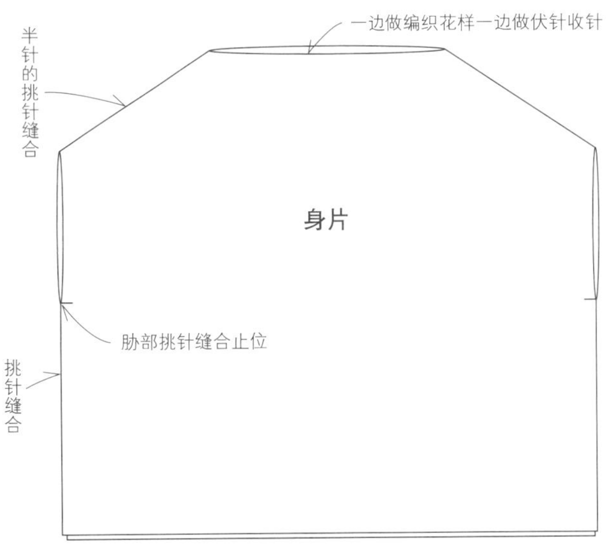

p.32 候鸟花样连指手套 *编织图见p.87

材料 ［达摩手编线］Shetland Wool 海军蓝色（11）38g，原白色（1）19g

工具 4号、3号的5根短棒针（用魔术环技法编织时，参照p.41用4号、3号80cm长的环形针）

密度 10cm×10cm面积内：配色花样26针，28行

尺寸 手掌围22cm，长24.5cm

编织方法 用1根线按指定配色和针号编织。

・编织右手主体

用3号针和海军蓝色线手指挂线起52针，连接成环形（参照p.38），接着编织20行双罗纹针。换成4号针，在第1行加针，按配色花样编织37行。中途在拇指孔部分穿入另线休针，在下一行做9针的卷针起针（参照p.37）。指尖一边减针一边编织12行。在最后一行的8针里穿2次线后收紧。

・编织拇指

从主体的休针和卷针处挑针，加上两端各1针，共挑取20针。用3号针和海军蓝色线环形编织（参照p.37）。接着编织18行下针编织。指尖一边减针一边编织3行。在最后一行的8针里穿2次线后收紧。

・编织左手手套

用相同方法编织左手手套，注意拇指孔的位置不同。

---

p.33 英式罗纹针编织的帽子 *编织图见p.88

材料 ［达摩手编线］Shetland Wool 原白色（1）46g

工具 4号40cm长的环形针，4号的5根短棒针（用魔术环技法编织时，参照p.41用4号80cm长的环形针）

密度 10cm×10cm面积内：英式罗纹针19针，40行

尺寸 帽围52.5cm，深21cm

编织方法 用1根线编织。

手指挂线起100针（参照p.39），连接成环形。编织48行英式罗纹针（参照p.39）。接着一边减针一边编织35行英式罗纹针。在最后一行的10针里穿2次线后收紧。

编织要点 考虑到英式罗纹针的厚度和整体的统一性，起针时可在拇指上挂2根线，使边缘保持一定的厚度。

拇指孔的开孔方法

15

在第 15 行用海军蓝色线和原白色线交替做卷针起针

拇指的挑针方法

从卷针处（9 针）挑针

1 针挑针（●）

1 针挑针（○）

从休针处（9 针）挑针

拇指

在最后一行的 8 针里穿 2 次线后收紧

下针编织（3 号针）

6

1（3 行）

5（18 行）

3 2 1 18 15 10 5 ←2 ←1（挑针）

20 15 10 5 2 1

（○） （●）

从拇指孔环形挑取 20 针

接 p.86

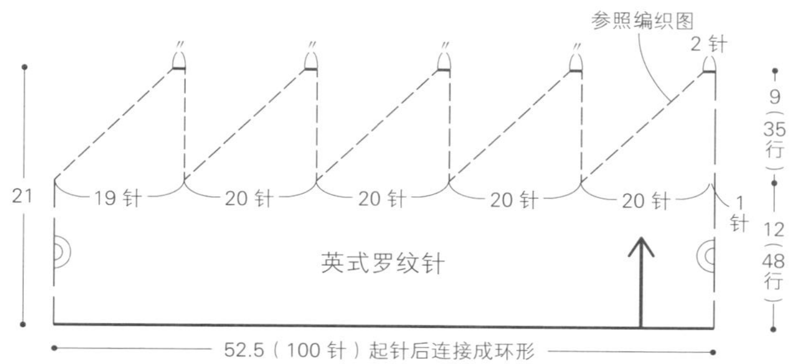

p.33 英式罗纹针编织的帽子

21
19 针 20 针 20 针 20 针 20 针 1 针
2 针
参照编织图
9（35 行）
12（48 行）
英式罗纹针
52.5（100 针）起针后连接成环形

英式罗纹针的编织方法（参照 p.39）
←①正拉针，②挂针、滑针
←①挂针、滑针，②反拉针
←①下针，②挂针、滑针
←①下针，②上针
←起针

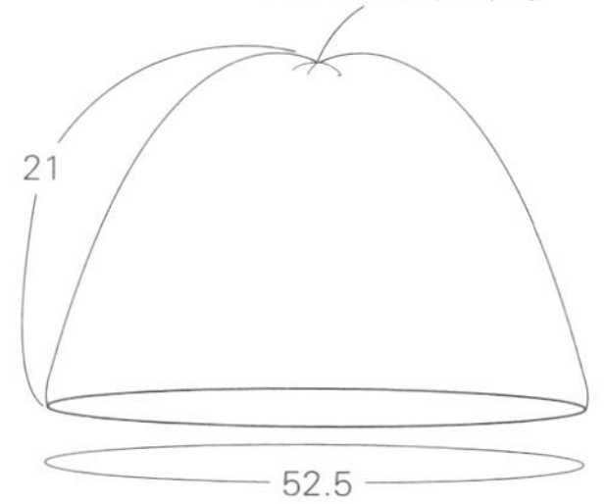

在最后一行的 10 针里穿 2 次线后收紧
21
52.5

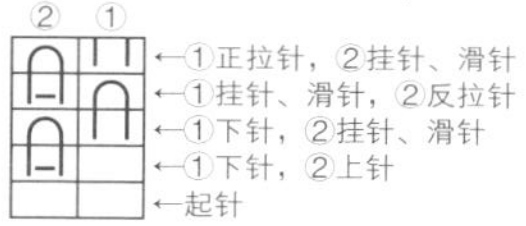

□ = 下针
— = 上针

正拉针
←挂针、滑针
←下针

反拉针
←挂针、滑针
←上针

正拉针（3 针并 1 针）
←挂针、滑针
←右上 3 针并 1 针

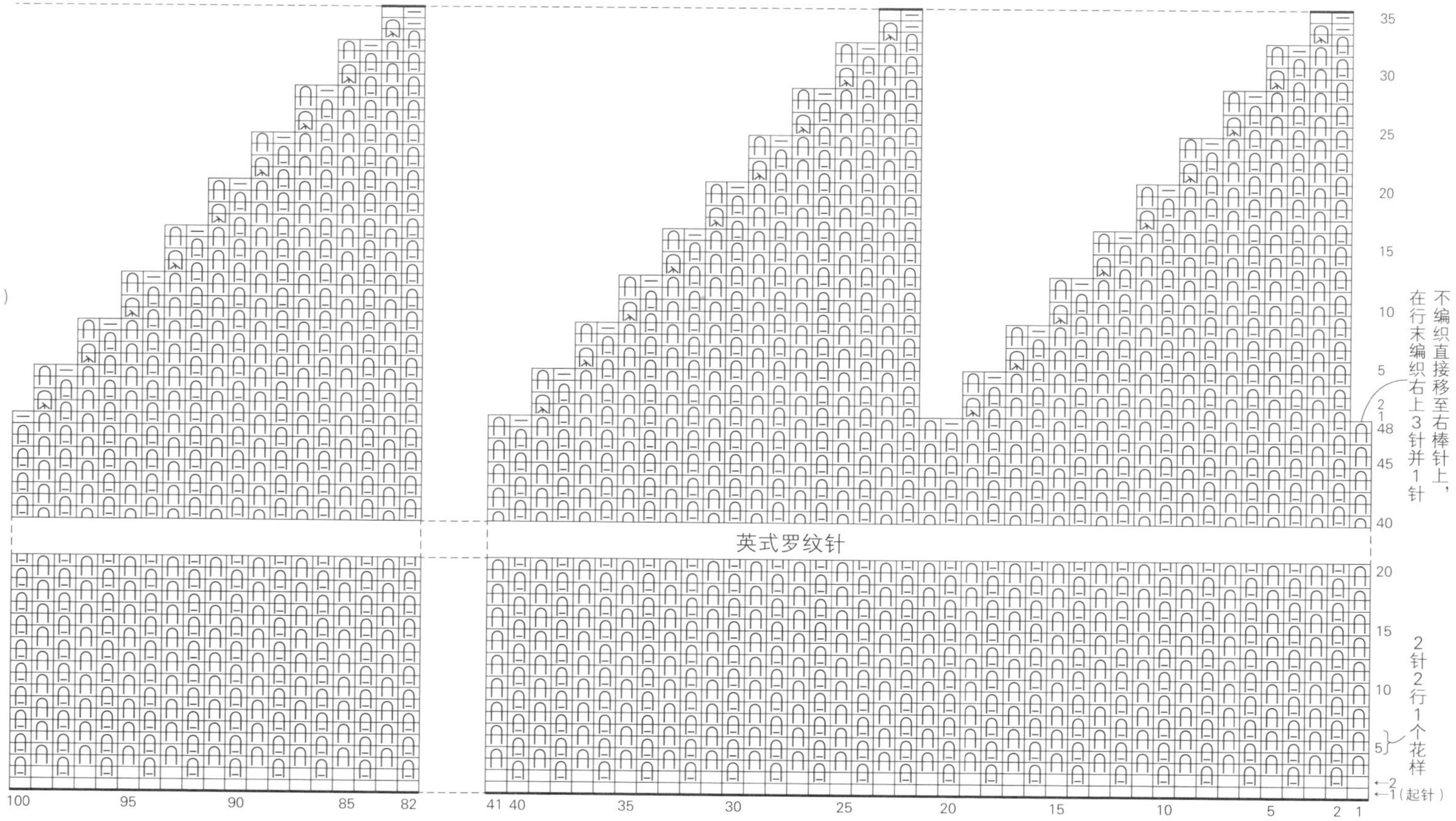

英式罗纹针

不编织直接移至右棒针上，在行末编织右上 3 针并 1 针

2 针 2 行 1 个花样

←1（起针）

基础编织技法

起针

[手指挂线起针法]

1

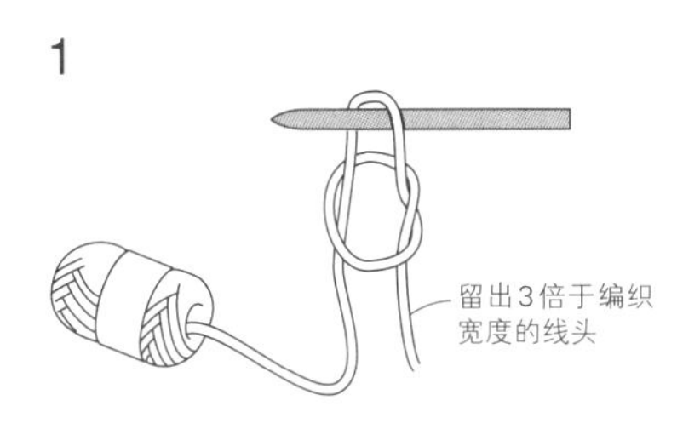

用手指起好第1针移至棒针上，将线头拉紧。

2

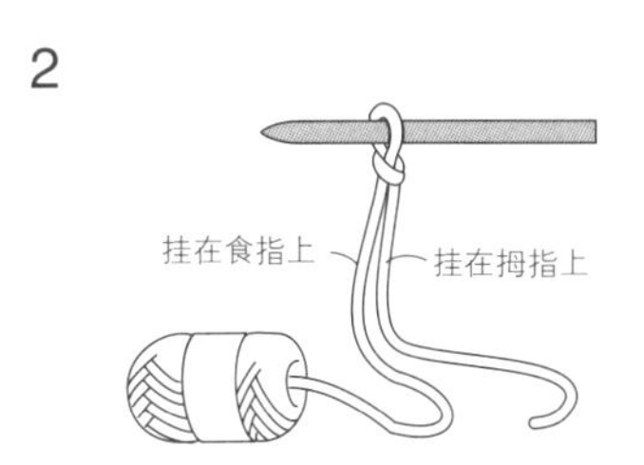

第1针完成。

3

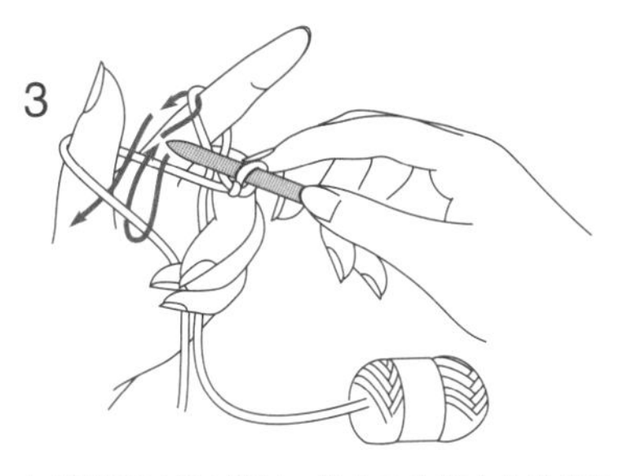

如箭头所示插入棒针，将左手食指上的线挑出。

4

暂时取下左手拇指上的线，然后如箭头所示重新在拇指上挂线，拉紧针目。

5

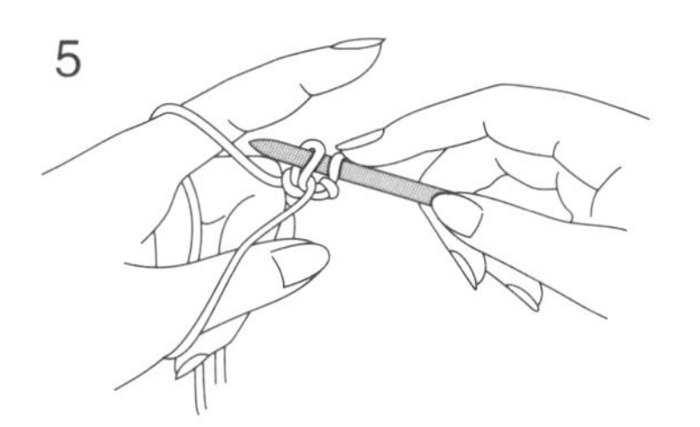

第2针完成。重复步骤3~5，起所需针数。

6

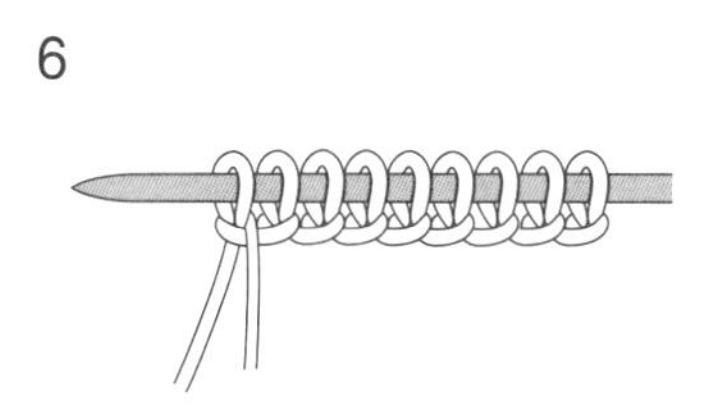

第1行完成。换成左手拿此棒针，编织第2行。

[从另线锁针的里山挑针的起针方法]

1

使用与编织线差不多粗细的线钩织锁针（p.95）。

2

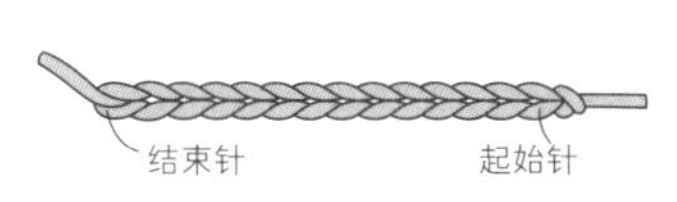

比所需针数多起两三针，注意稍微松一点。

3

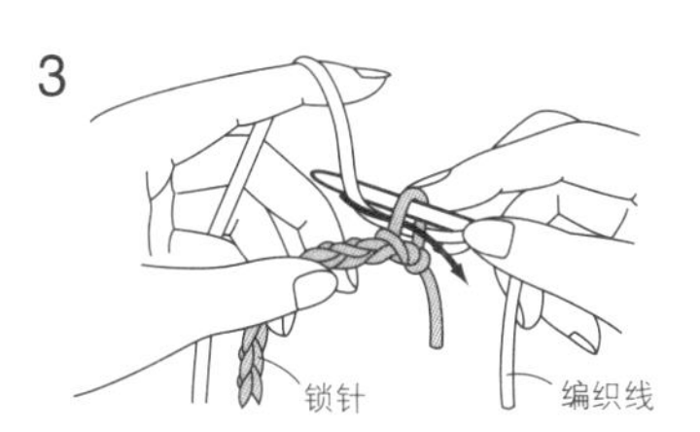

在起始锁针的里山插入棒针，用编织线开始编织。

4

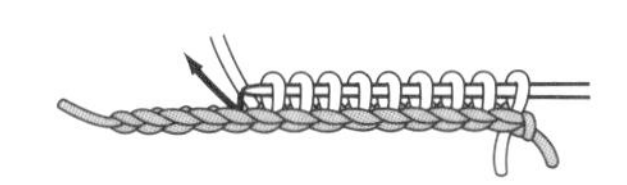

挑针编织所需针数。完成的针目计为1行。

针法符号和编织方法

| 下针

1

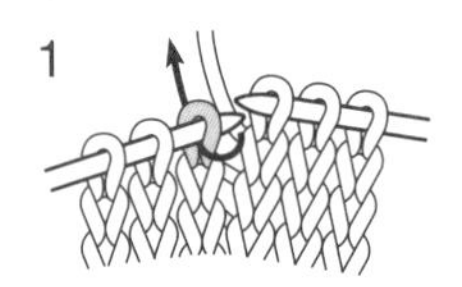

将线放在织物的后面，在左棒针的针目里从前往后插入右棒针。

2

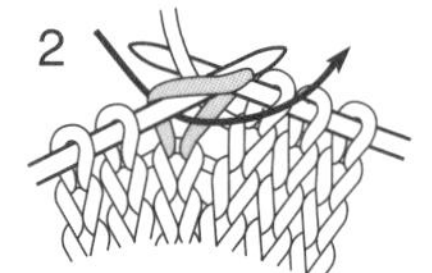

在右棒针上挂线，如箭头所示拉出。

3

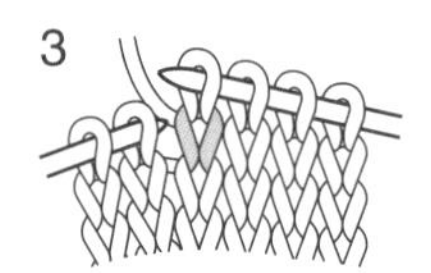

一边拉出线圈，一边从左棒针上取下针目。

— 上针

1

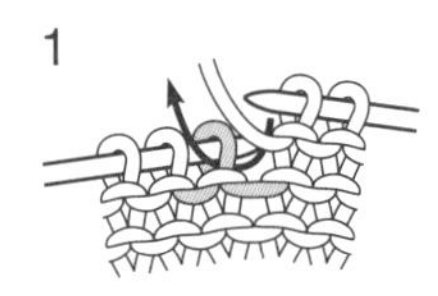

将线放在织物的前面，在左棒针的针目里从后往前插入右棒针。

2

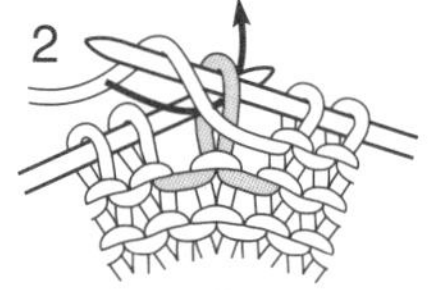

在右棒针上挂线，如箭头所示拉出。

3

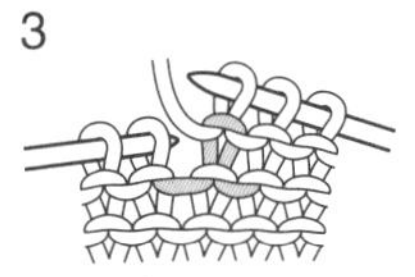

一边拉出线圈，一边从左棒针上取下针目。

左上2针并1针

1

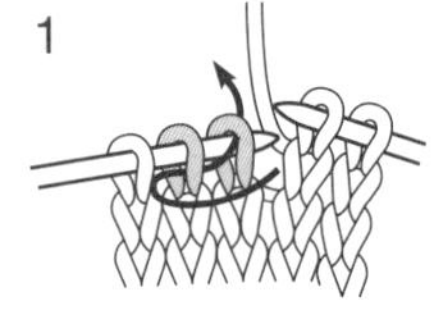

从前往后在左棒针上的2针里一起插入右棒针。

2

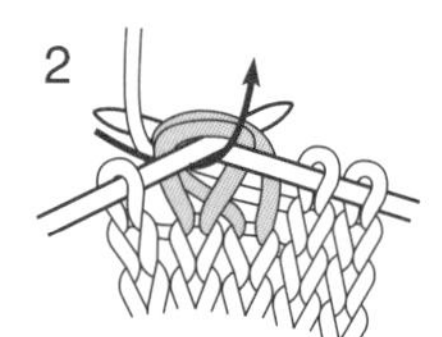

挂线编织。

3

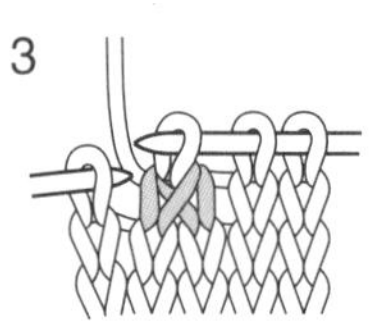

减了1针。

O 挂针

1

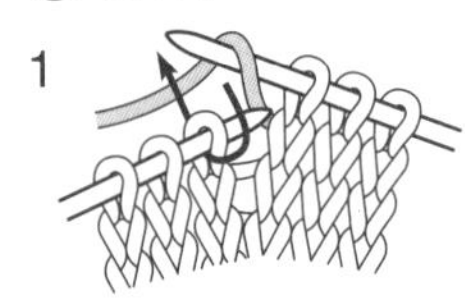

将线放在织物的前面，编织下一针。

2

扭针（右上扭针）

1

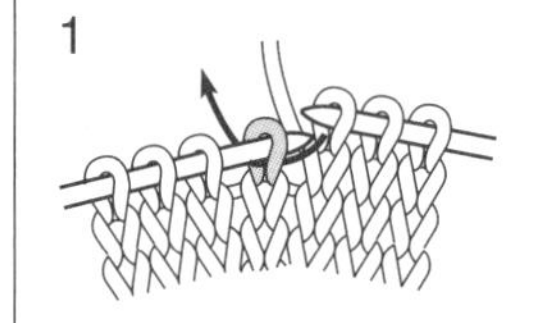

从后面插入右棒针。

2

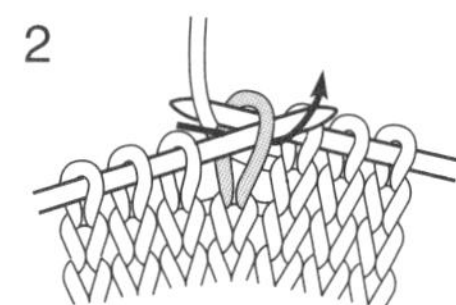

挂线编织。

3

4

右上2针并1针

1

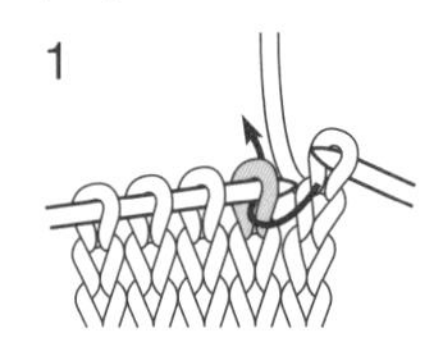

从前往后在左棒针上的第1针里插入右棒针，不编织直接移至右棒针上。

2

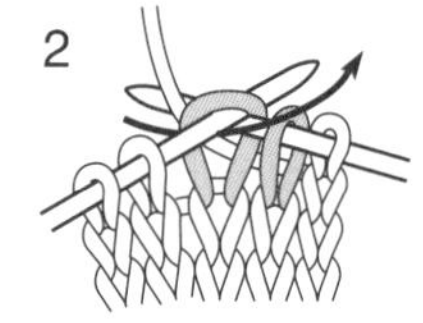

编织下一针。

3

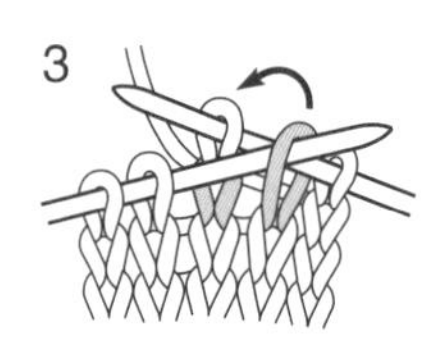

将刚才移过来的针目覆盖在已织针目上。

4

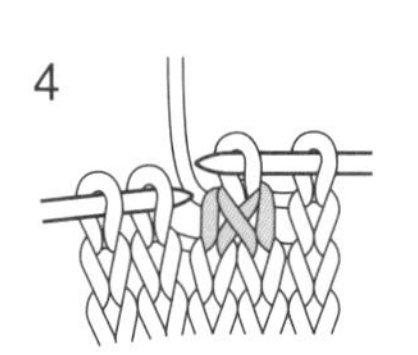

减了1针。

左上2针并1针（上针）

1

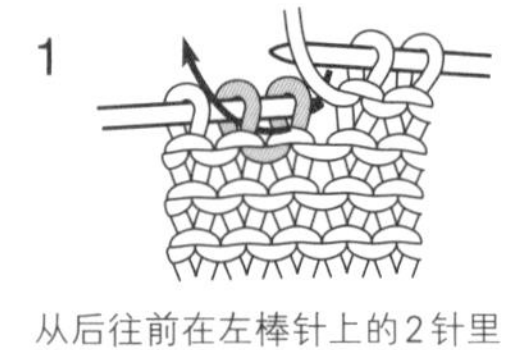

从后往前在左棒针上的2针里一起插入右棒针。

2

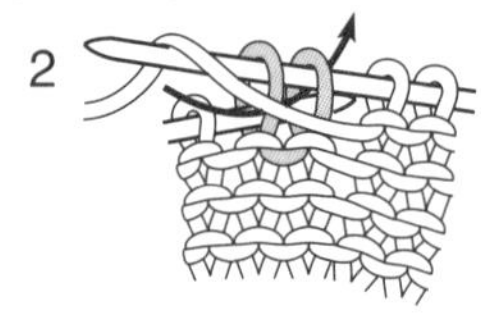

挂线，编织上针。

3

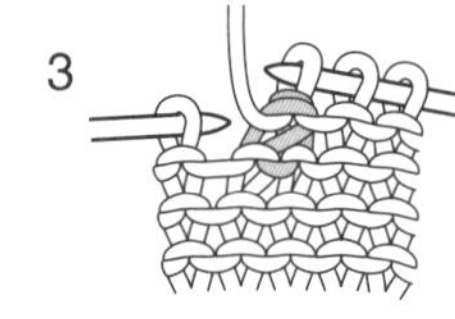

减了1针。

右上2针并1针（上针）

1

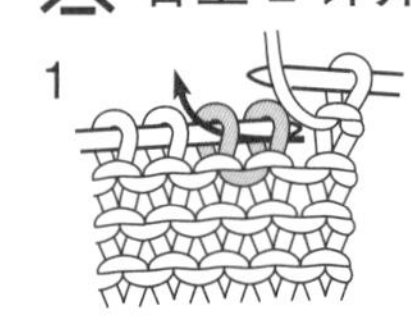

从后往前在左棒针上的2针里一起插入右棒针，不编织直接移至右棒针上。

2

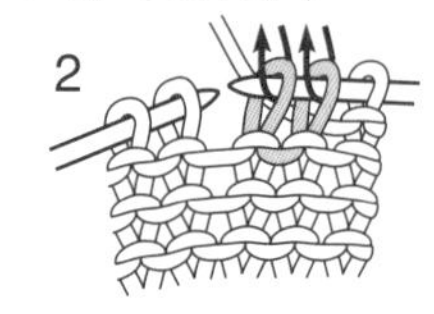

如箭头所示插入左棒针，从右往左依次移回针目。

3

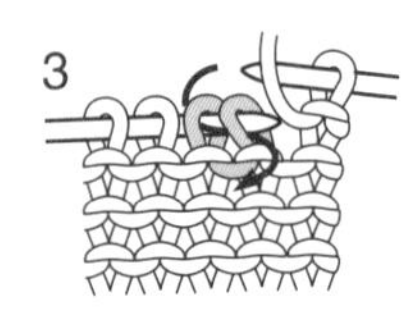

挂线，两针一起编织上针。

4

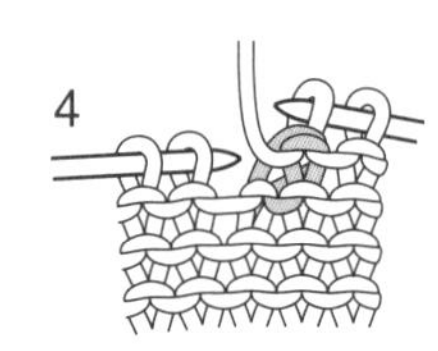

减了1针。

扭针（左上扭针）

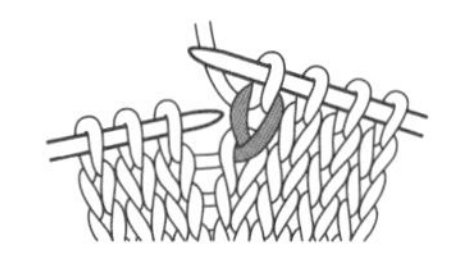

从前往后插入右棒针，不编织直接移至右棒针上，改变针目方向后移回左棒针上，按下针要领编织。

扭针（上针）

从后面插入左棒针，按上针要领编织。

中上3针并1针

1

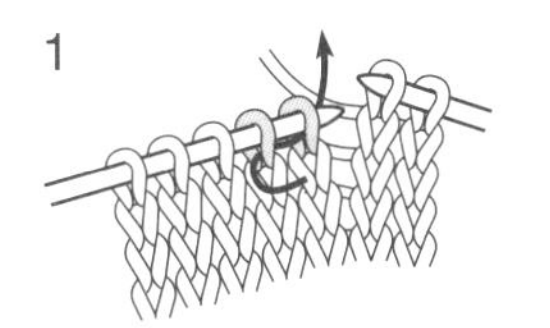

从前往后在左棒针上的2针里一起插入右棒针，不编织直接移至右棒针上。

2

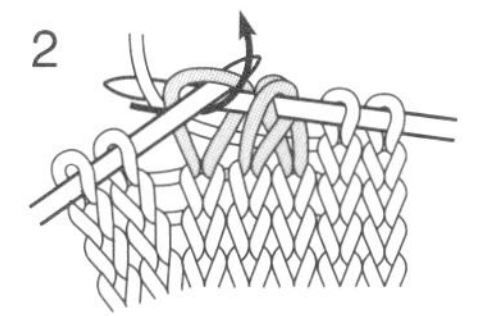

编织下一针。

3

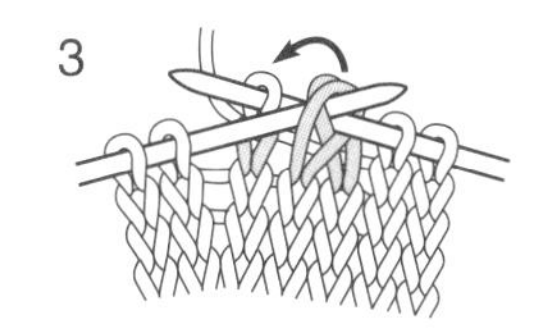

将刚才移过来的2针覆盖在已织针目上。

4

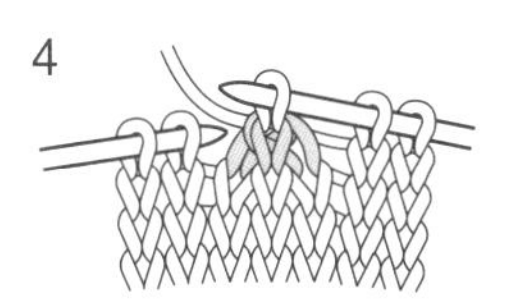

减了2针。

右上3针并1针

1

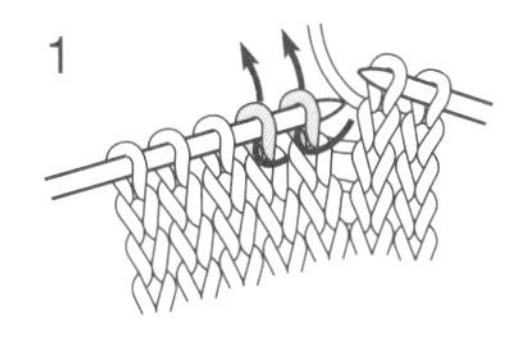

不编织，将左棒针上的2针依次移至右棒针上。

2

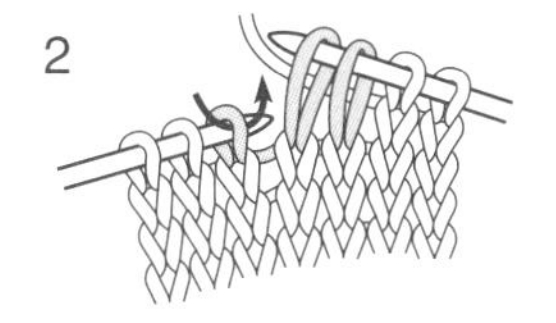

编织下一针。

3

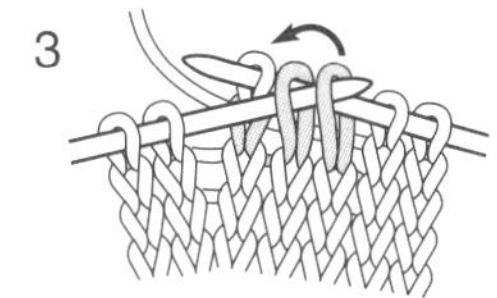

将刚才移过来的2针覆盖在已织针目上。

4

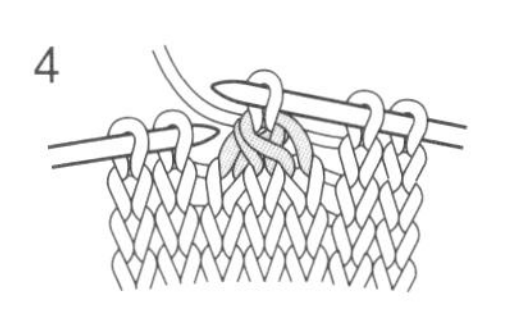

减了2针。

左上3针并1针

1

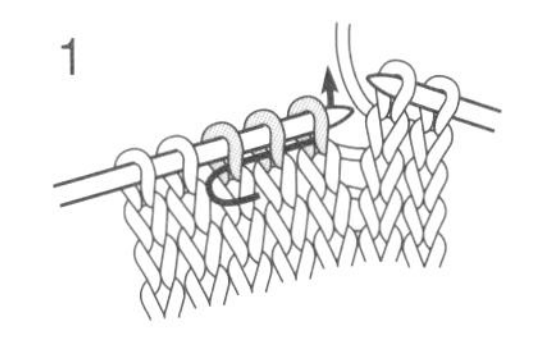

从前往后在左棒针上的3针里一起插入右棒针。

2

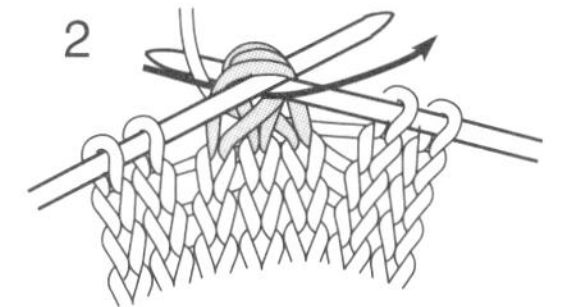

将3针一起编织。

3

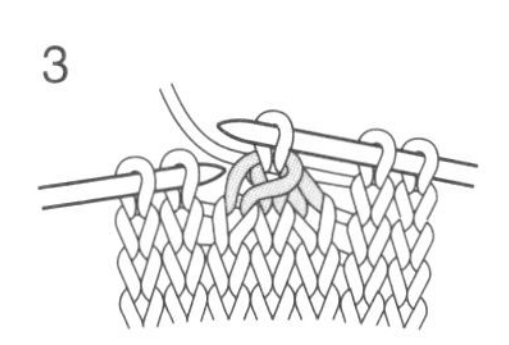

减了2针。

卷针

1

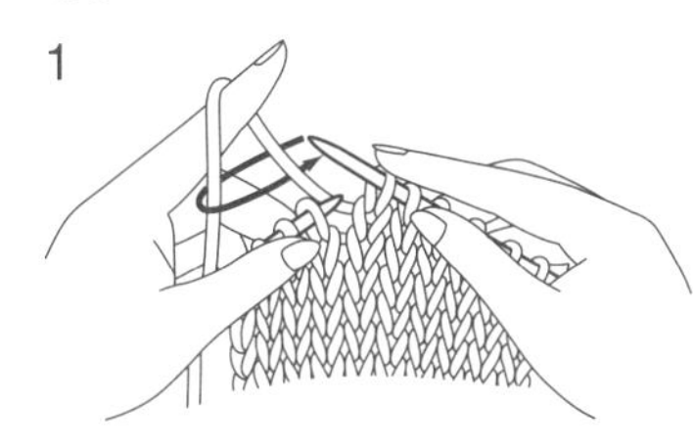

将线绕在棒针上加针。

2

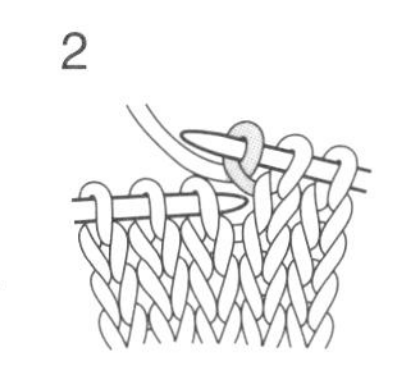

3

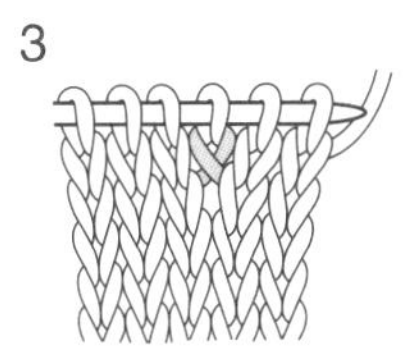

扭转渡线加针的方法

1

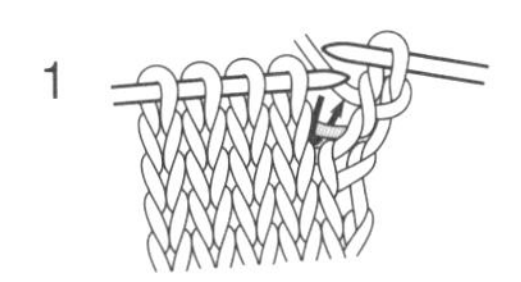

如箭头所示，用左棒针挑起渡线，编织扭针。

2

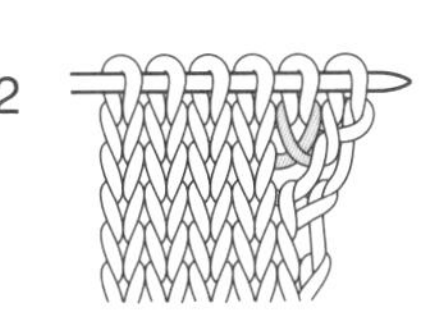

针目与针目之间加了1针。

1针放3针的加针

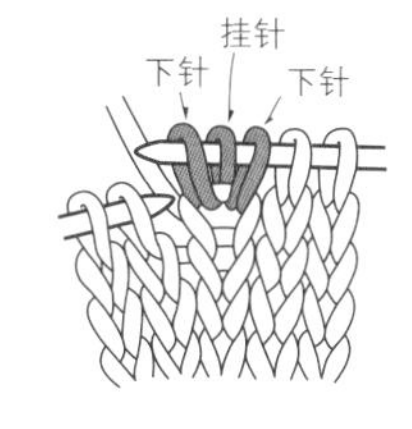

从1针里依次编织出“下针、挂针、下针”。

滑针

1

将线放在织物的后面，不编织，直接将左棒针上的1针移至右棒针上。

2

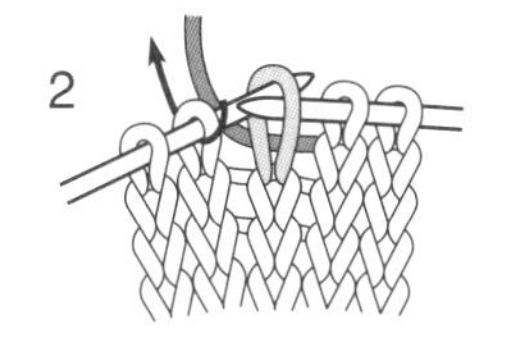

编织下一针。

3

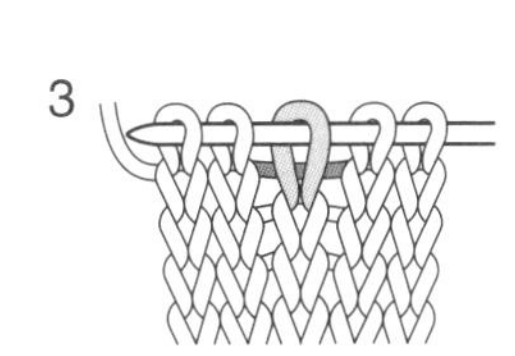

右上1针交叉

1

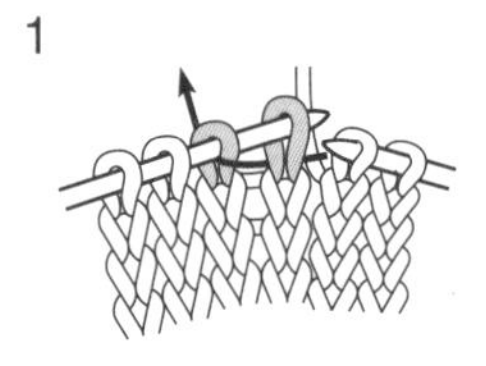

跳过左棒针上的1针，从后面在下一针里插入右棒针。

2

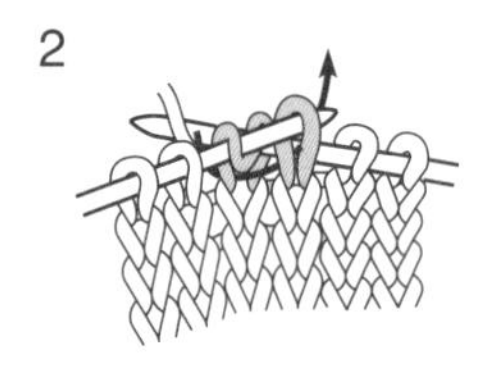

挂线编织。

3

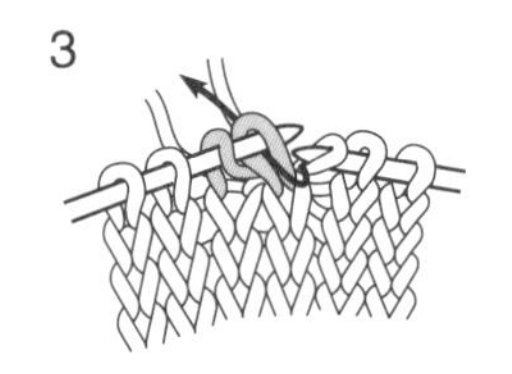

在刚才跳过的针目里编织。

4

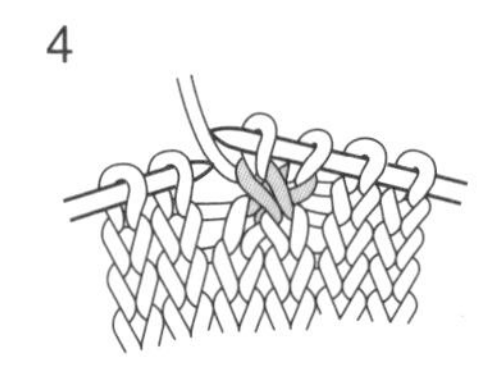

左上1针交叉

※从反面编织时，步骤2、3编织上针。

1

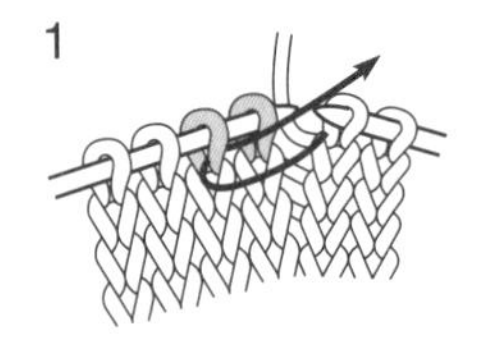

跳过左棒针上的1针，从前面在下一针里插入右棒针。

2

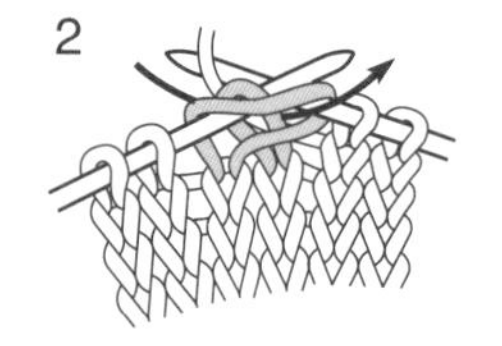

挂线编织。

3

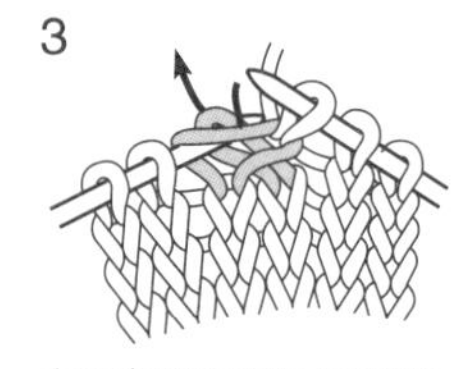

在刚才跳过的针目里编织。

4

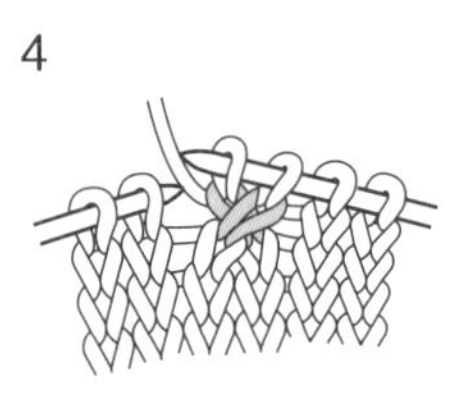

右上2针交叉

1

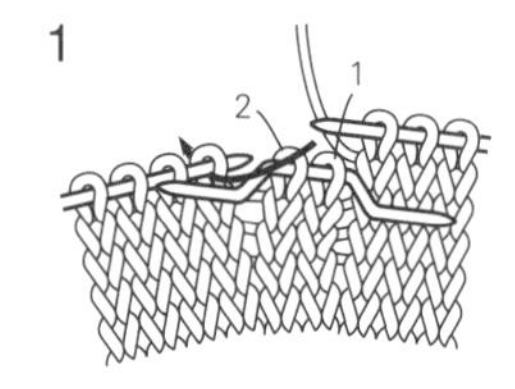

将左棒针上的针目1、2移至麻花针上，放在织物的前面。

2

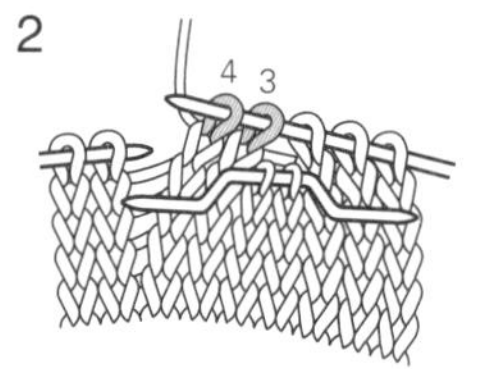

编织针目3、4。

3

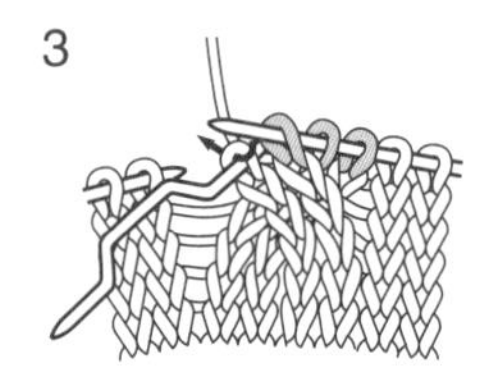

编织麻花针上的针目1、2。

4

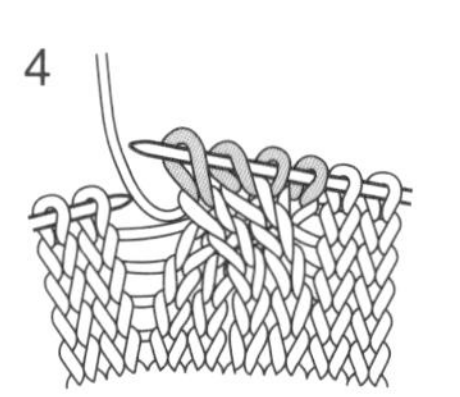

左上2针交叉

1

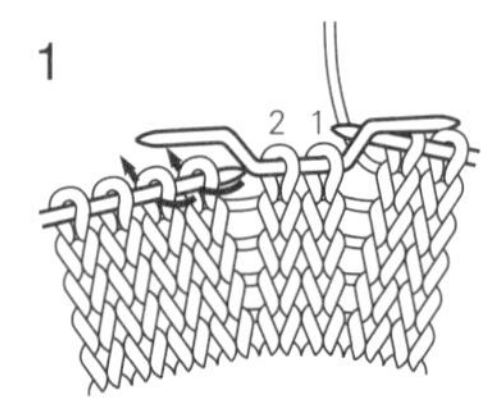

将左棒针上的针目1、2移至麻花针上。

2

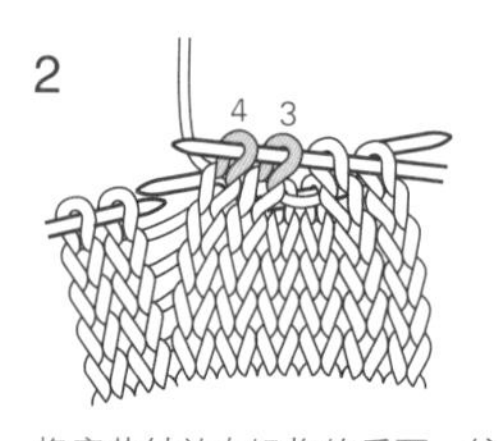

将麻花针放在织物的后面，编织针目3、4。

3

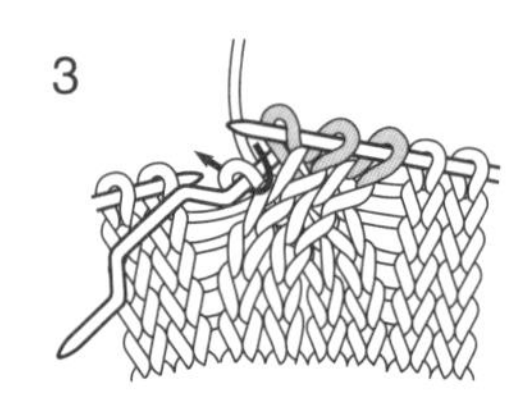

编织麻花针上的针目1、2。

4

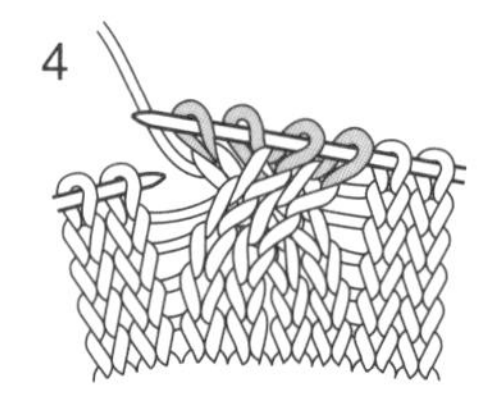

配色花样的换线方法

1

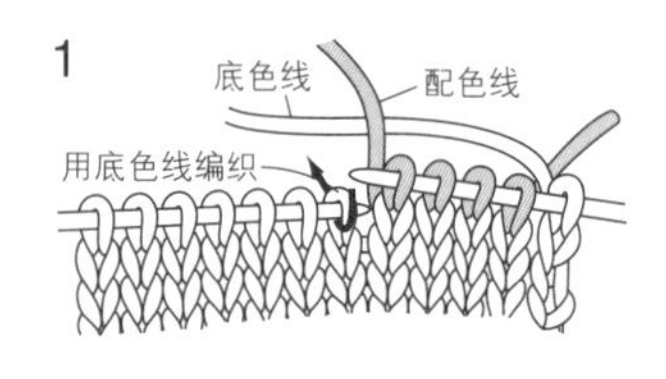

从配色线的下方渡线，用底色线编织。

2

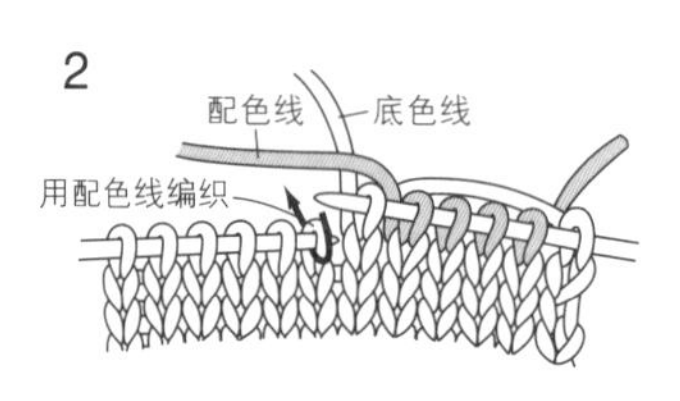

从底色线的上方渡线，换成配色线编织。

收针

伏针收针

下针

1

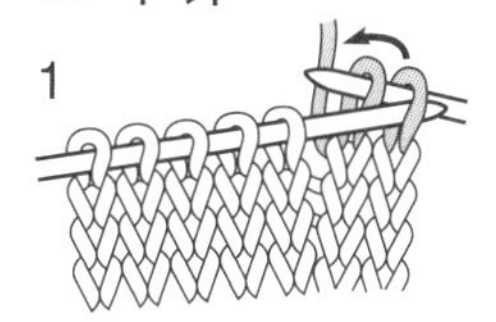

编织2针下针，将右棒针上右边的针目覆盖在左边的针目上。

2

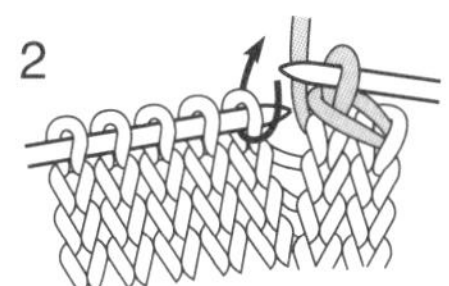

继续在左棒针的下一针里编织下针，将右棒针上右边的针目覆盖在左边的针目上。

3

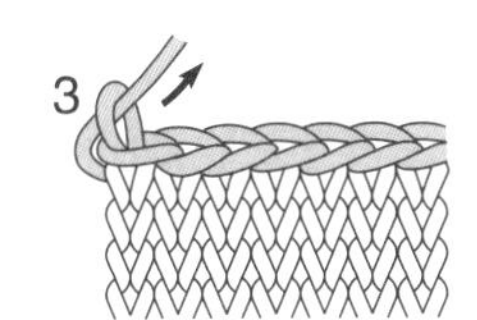

在最后的针目里穿入线头后拉紧。

上针

1

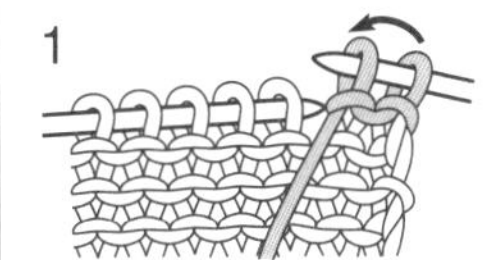

编织2针上针，将右棒针上右边的针目覆盖在左边的针目上。

2

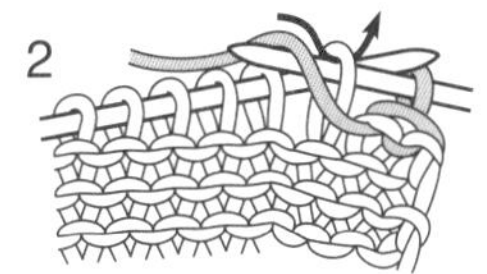

继续在左棒针的下一针里编织上针，将右棒针上右边的针目覆盖在左边的针目上。最后与下针的伏针收针的步骤3一样，在最后的针目里穿入线头后拉紧。

单罗纹针收针（环形编织的情况）

1

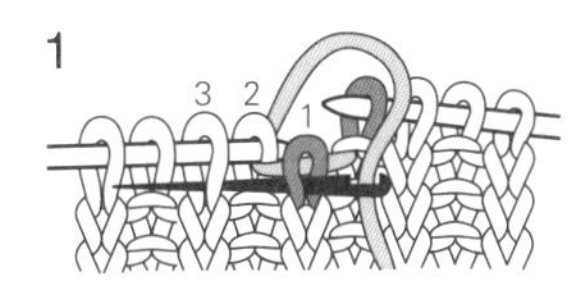

跳过左棒针上的针目1，从针目2的前面入针后拉出。回到针目1从前面入针，再从针目3里出针。

2

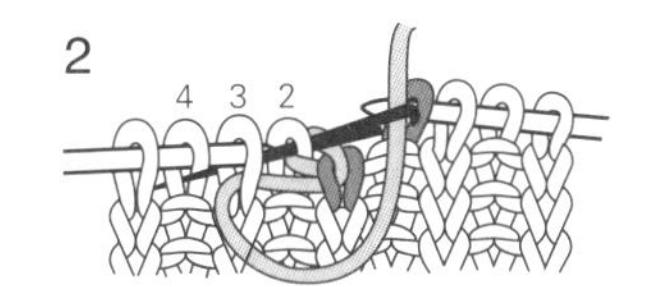

回到针目2从后面入针，再从针目4的后面出针。接下来，下针对下针、上针对上针地入针。

3

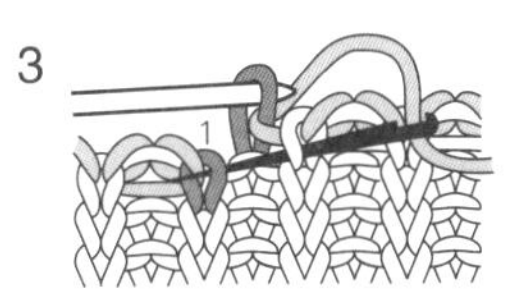

在编织终点的下针里从前往后入针，再从针目1里出针。

4

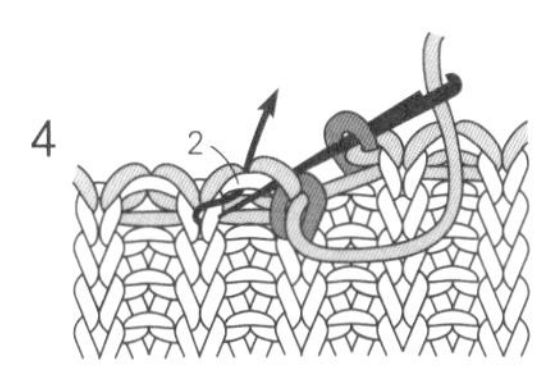

在编织终点的上针里从后往前入针，如图所示在罗纹针收针后的线圈里穿过，再如箭头所示从针目2（上针）里出针。

5

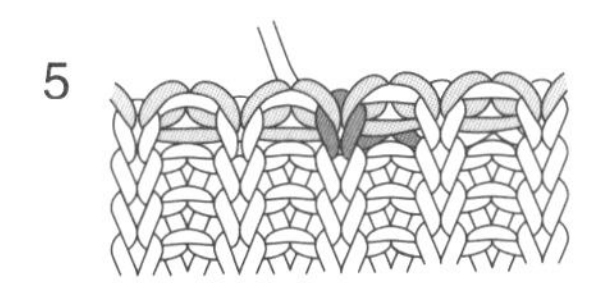

这是收针完成后的状态。

双罗纹针收针（环形编织的情况）

1

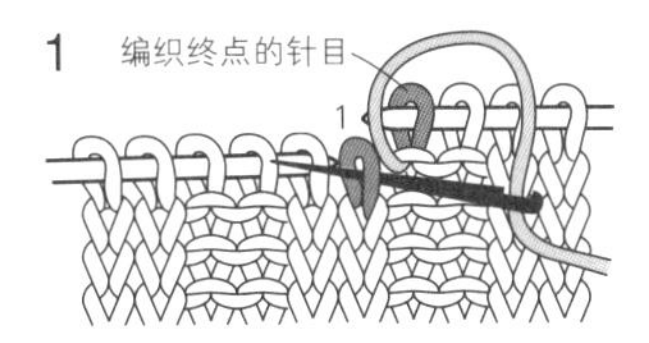

在针目1里从后往前入针。

2

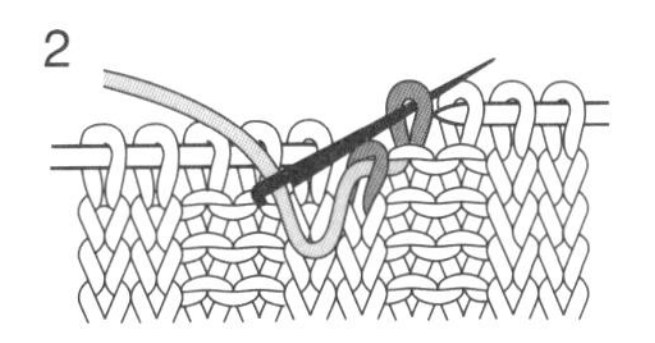

在编织终点的针目里从前往后入针。

3

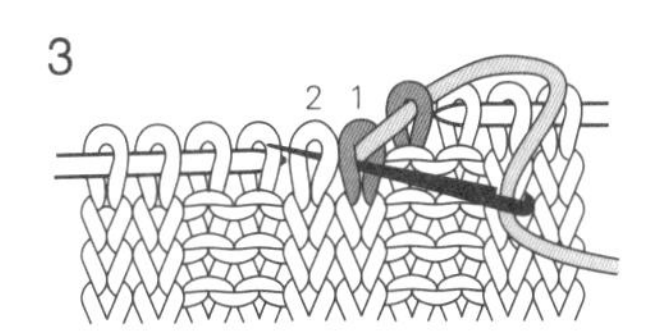

如图所示在针目1、2里入针、出针。

4

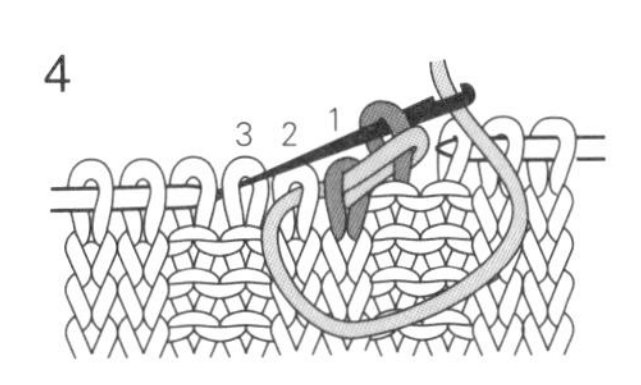

在编织终点的上针里从后往前入针，跳过针目1、2，从针目3的前面入针。

5

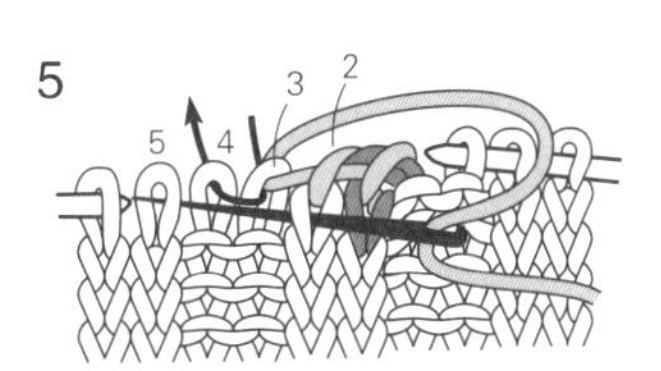

回到针目2，跳过针目3、4，从针目5里出针。接着在针目3、4里入针。

6

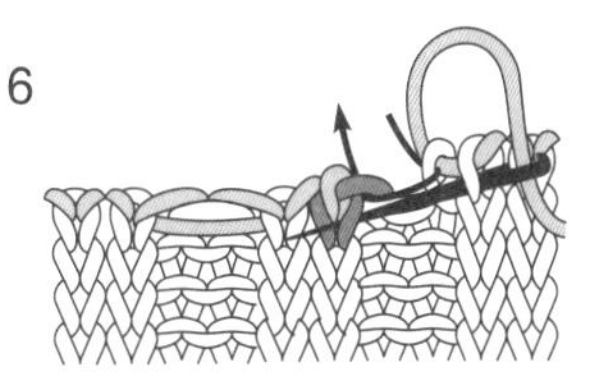

重复步骤3~5。在编织终点的下针和编织起点的下针里穿针，最后如箭头所示在2针上针里入针后拉出。

单罗纹针收针（往返编织的情况）

1

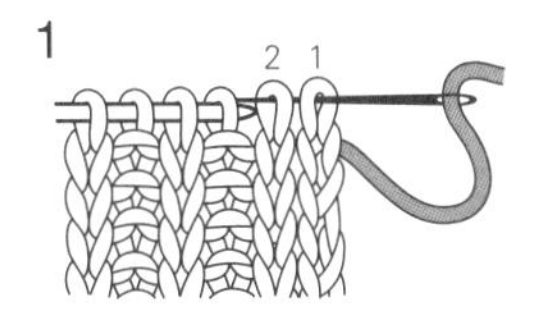

从针目1的前面入针，再从针目2的后面往前出针。

2

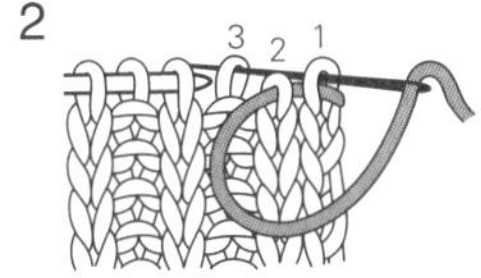

跳过针目2，从针目1、3的前面入针。

3

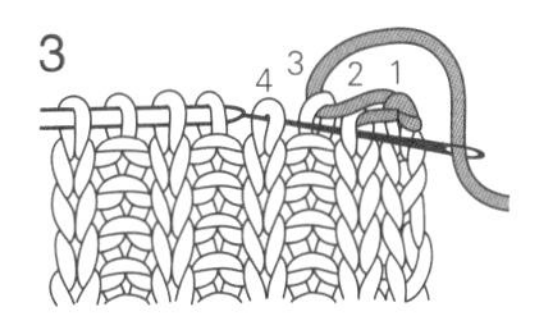

跳过针目3，在针目2、4（下针）里入针。

4

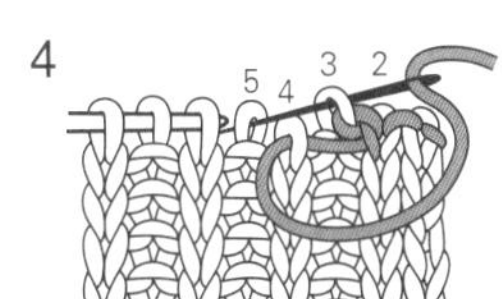

跳过针目4，在针目3、5（上针）里入针。重复步骤3、4。

接合、缝合

下针编织无缝缝合

1

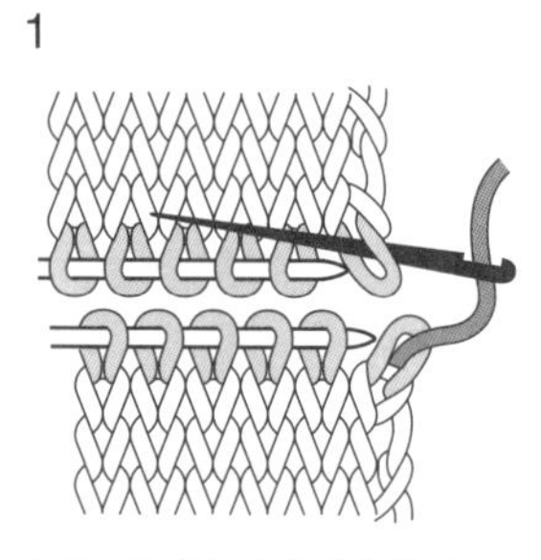

从下方织片的边针里将线拉出，在上方织片的边针里入针。

2

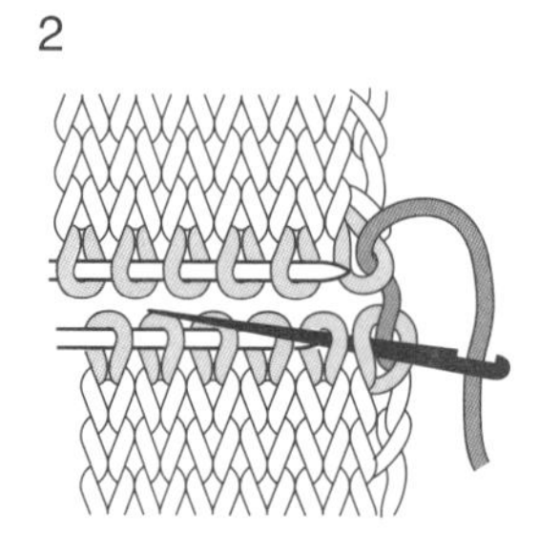

回到下方织片的边针，如图所示入针。

3

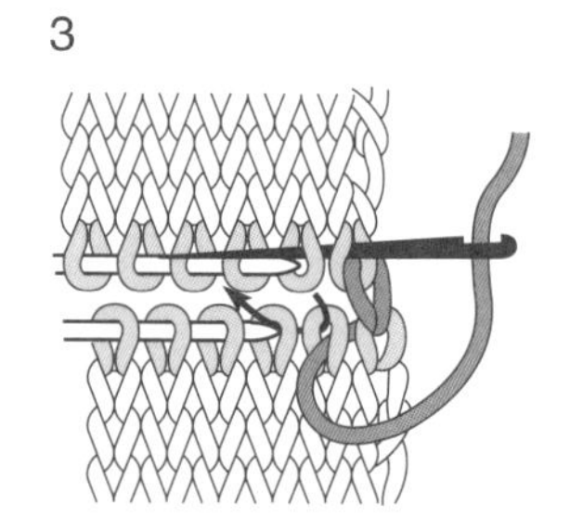

如图所示在上方织片的边针和下一针里入针，接着如箭头所示穿出。

4

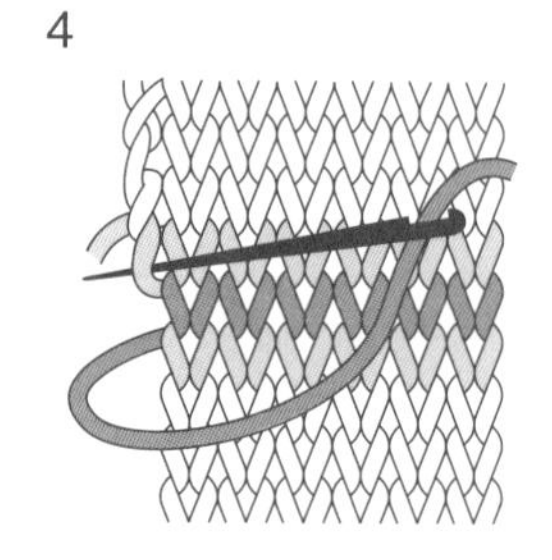

重复步骤2、3，在最后的针目里入针后拉出。

引拔接合

1

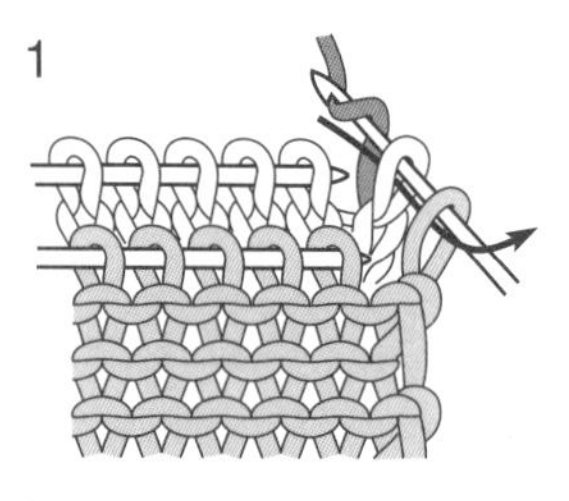

将2块织片正面相对，在边上的2针里入针引拔。

2

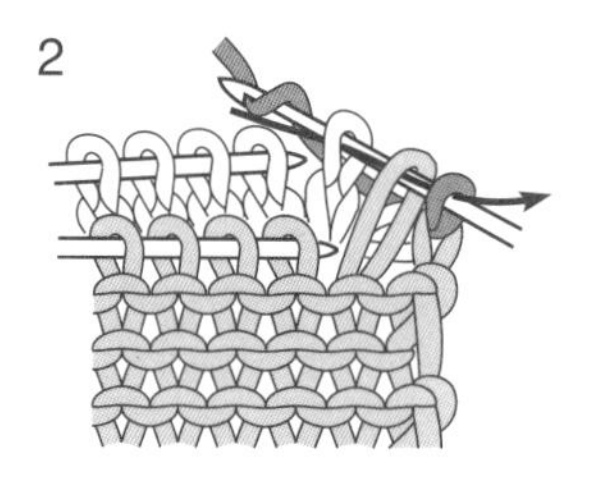

在引拔后的针目以及后面的2针里入针一起引拔。

3

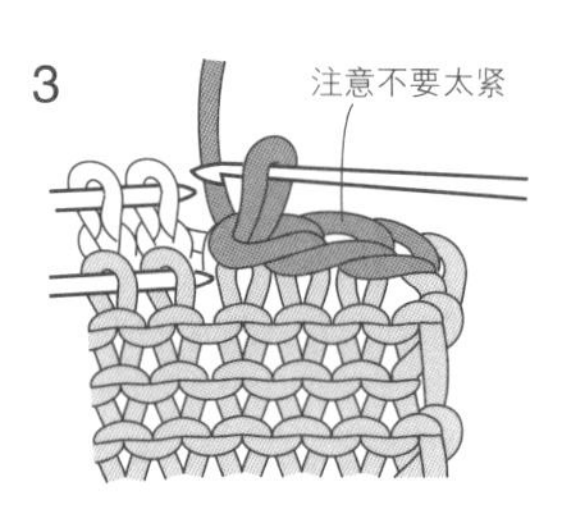

重复步骤2。

针与行的接合

1

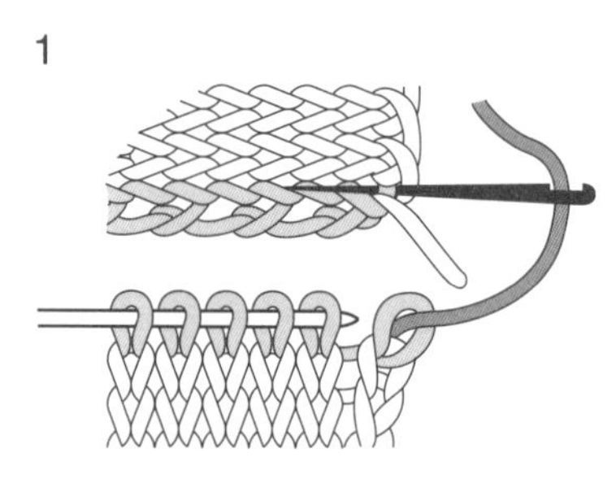

在上方织片的边针与第2针之间入针，在渡线里挑针。

2

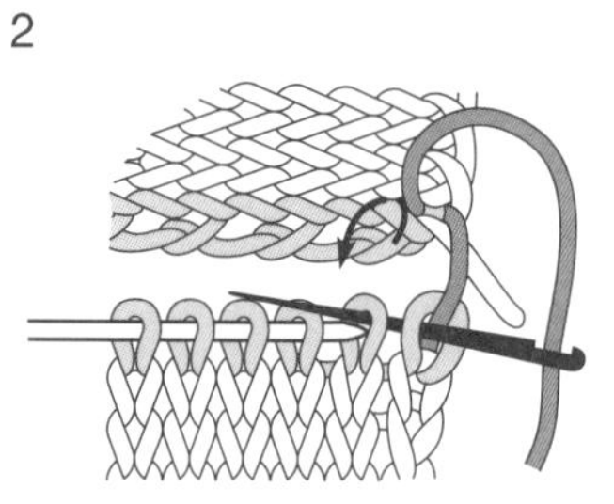

下方织片按下针编织无缝缝合的要领挑针。

3

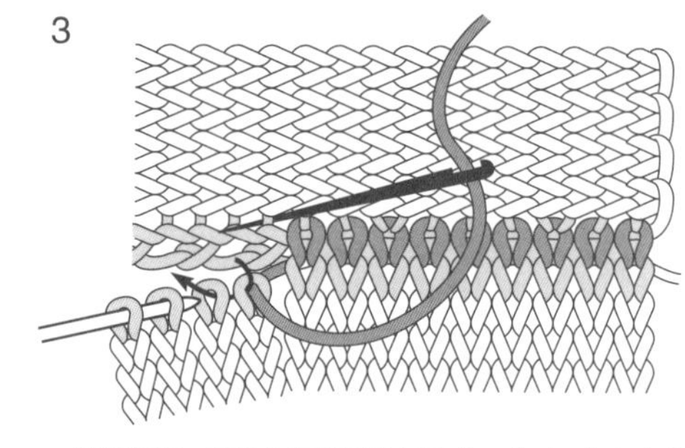

一般情况下，织片的行数要比针数多，此时可将多出的行数均摊一下，按1针对2行的要领挑针。

引拔缝合

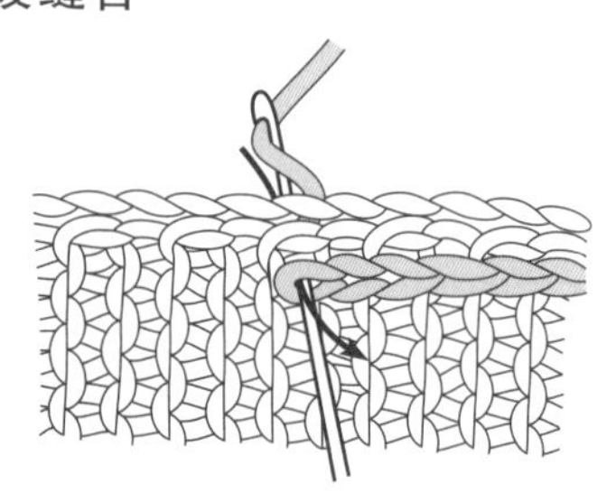

将2块织片正面相对，在针目之间入针。在针上挂线引拔。

挑针缝合

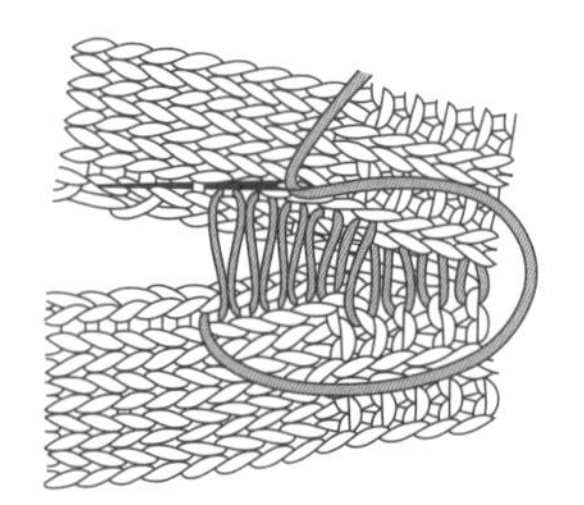

在第1针与第2针之间的渡线里逐行交替挑针。做半针的挑针缝合时，在半针内侧的渡线里挑针。

留针的引返编织

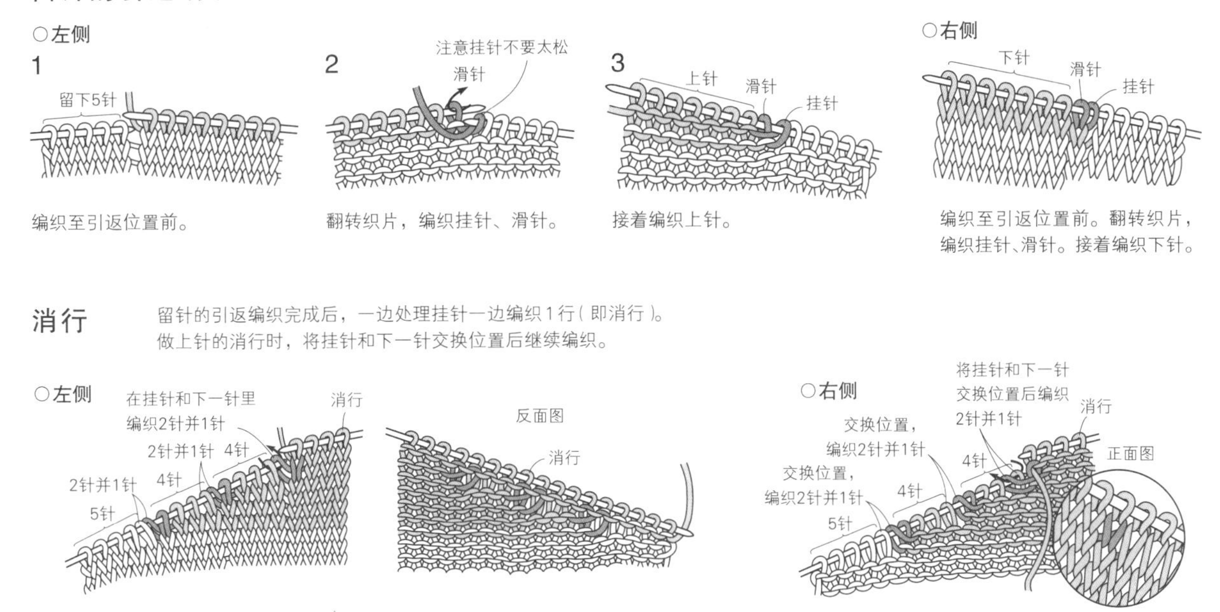

1 编织至引返位置前。

2 翻转织片，编织挂针、滑针。

3 接着编织上针。

○右侧 编织至引返位置前。翻转织片，编织挂针、滑针。接着编织下针。

消行

留针的引返编织完成后，一边处理挂针一边编织1行（即消行）。
做上针的消行时，将挂针和下一针交换位置后继续编织。

钩针编织

⬭ 锁针

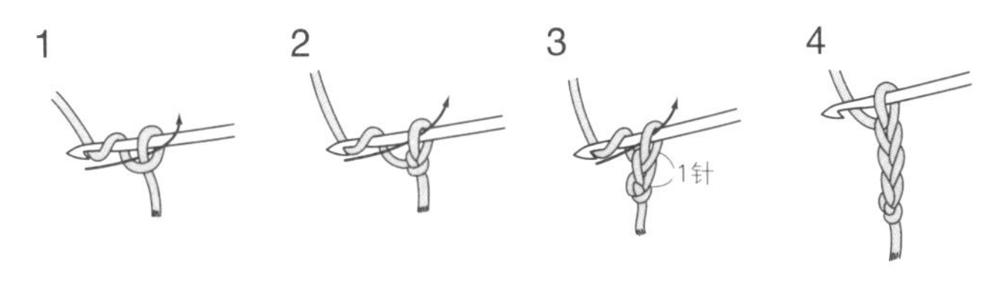

AMIMONO CLOSET by Sanae Nasu
Copyright © 2021 Sanae Nasu
All rights reserved.
Original Japanese edition published by EDUCATIONAL FOUNDATION BUNKA GAKUEN BUNKA PUBLISHING BUREAU.
This Simplified Chinese edition is published by arrangement with EDUCATIONAL FOUNDATION BUNKA GAKUEN BUNKA PUBLISHING BUREAU, Tokyo in care of Tuttle-Mori Agency, Inc., Tokyo through Inbooker Cultural Development (Beijing) Co., Ltd., Beijing.

严禁将本书中的任何内容（无论是部分还是整体）用于任何商业场合，或任何类型的比赛。
版权所有，翻印必究。
备案号：豫著许可备字-2022-A-0036

图书在版编目（CIP）数据

那须早苗的编织衣橱 /（日）那须早苗著；蒋幼幼译. —郑州：河南科学技术出版社，2023.10
ISBN 978-7-5725-1264-3

Ⅰ. ①那… Ⅱ. ①那… ②蒋… Ⅲ. ①钩针—编织 Ⅳ. ①TS935.521

中国国家版本馆CIP数据核字（2023）第184400号

那须早苗（SANAE NASU）
编织作家。现居埼玉县。日本宝库社编织指导员培训学校毕业后，进入芭贝（现大同好望得株式会社芭贝事业部）担任直营店职员，工作4年后离职。之后开启了作家之路。现在除了图书作品的创作外，还为线商制作促销作品，在宝库学园东京校区担任“每日编织”讲座的讲师。著作有《每日编织 手工棒针编织的毛衣和配饰》等多部（均为文化出版局出版）。

日语版发行人：滨田胜宏
图书设计：Hada Izumi
摄影：山口 明
工艺摄影：安田如水（文化出版局）
造型：串尾广枝
发型和化妆：西宽子
模特：Hesui
制作助理：荒川千代美　谷口弘惠
　　　　　诸星由喜子
作品解说：田中利佳
绘图：文化phototype
校对：向井雅子
编辑：小山内真纪　大沢洋子（文化出版局）

出版发行：河南科学技术出版社
　　　　　地址：郑州市郑东新区祥盛街27号　　邮编：450016
　　　　　电话：（0371）65787028　　65788613
　　　　　网址：www.hnstp.cn
责任编辑：张　培
责任校对：王晓红
封面设计：张　伟
责任印制：张艳芳
印　　刷：北京盛通印刷股份有限公司
经　　销：全国新华书店
开　　本：889 mm × 1 194 mm　1/16　**印张：**6　**字数：**180千字
版　　次：2023年10月第1版　2023年10月第1次印刷
定　　价：59.00元

如发现印、装质量问题，影响阅读，请与出版社联系并调换。